中国川北甘南类卡林型金矿床

孙树浩 著

北 京

冶 金 工 业 出 版 社

2009

内 容 提 要

类卡林型金矿床理论，在国内外均是一个新的理论。全书共分为六章，主要论述了地层和岩石、构造、类卡林型金矿床地质地球化学、成矿条件、成矿作用和成矿模式、找矿标志和准则，并在附录中附有金矿石的显微照片。

本书可供金矿地球科学工作者、大专院校相关专业师生、科研人员阅读参考。

图书在版编目(CIP)数据

中国川北甘南类卡林型金矿床/孙树浩著 . —北京：冶金工业出版社，2009.2

ISBN 978-7-5024-3914-9

Ⅰ. 中… Ⅱ. 孙… Ⅲ. ①金矿床—找矿矿物学—四川省 ②金矿床—找矿矿物学—甘南藏族自治州 Ⅳ. P618.510.8

中国版本图书馆 CIP 数据核字 （2009）第 015354 号

出 版 人　曹胜利
地　　　址　北京北河沿大街嵩祝院北巷 39 号，邮编 100009
电　　　话　（010）64027926　电子信箱　postmaster@cnmip.com.cn
责任编辑　王之光　美术编辑　李　心　版式设计　葛新霞
责任校对　王贺兰　责任印制　牛晓波
ISBN 978-7-5024-3914-9
北京百善印刷厂印刷；冶金工业出版社发行；各地新华书店经销
2009 年 2 月第 1 版，2009 年 2 月第 1 次印刷
850mm×1168mm　1/32；4.5 印张；1 插页；102 千字；132 页；1-1500 册
19.00 元

冶金工业出版社发行部　电话：(010)64044283　传真：(010)64027893
冶金书店　地址：北京东四西大街 46 号(100711)　电话：(010)65289081
（本书如有印装质量问题，本社发行部负责退换）

前 言

作者于 2004 年 9 月，首次论述了川北的联合村金矿和甘肃的阳山金矿均为类卡林型金矿。论文《川北—甘南地区类卡林型金矿床的地质-地球化学特征》发表于《地质找矿论丛》第 20 卷第 1 期（2005 年 3 月）。

1986~1992 年，作者与原冶金部西南地勘局合作，对四川南坪县和甘肃文县等地的卡林型金矿床成矿条件和矿床预测进行了研究。在南坪县联合村，发现了类卡林型金矿体的分布，并预测联合村至甘肃省文县新关为该类型金矿的找矿远景区。1997 年，武警黄金十二支队在进行水系沉积物测量时，在文县发现了阳山金矿。在勘探过程中，十二支队的技术人员到联合村参观了类卡林型金矿，并进行了对比，他们受益良多。

在地球科学不断发展的过程中，只要认真研究，就会有新的发现。

到 2007 年，阳山类卡林型金矿床已经探明黄金资源量308t，为超大型岩金矿床。中国类卡林型金矿，是全世界金矿新类型。类卡林型金矿床理论，在国内外均是一个新的理论，不仅具有金矿科学的意义，而且在不断地创造出巨大的经济效益。

中国类卡林型金矿床和美国卡林型金矿床，同归类为浅成低温的造山带型金矿床。其共同特征为：

（1）金矿的形成受断裂构造带控制。

（2）发育特征的热液蚀变：细粒硅化、碳酸盐化、绢云母化、黄铁矿化。

（3）发育一套低温元素组合：金、银、砷、锑、汞、铜、铅、锌、铊、硒、碲、钼、钡。

（4）金矿物颗粒细小，肉眼不可见。

（5）成矿温度低，一般为 100～200℃；成矿深度较浅，距地表小于 3km。

中国类卡林型金矿与美国卡林型金矿的区别是：

（1）中国类卡林型金矿的容矿岩石，主要是碎裂的花岗斑岩，花岗斑岩形成年代为 199.28～199.42Ma，印支晚期构造阶段；成矿时间晚于花岗斑岩，不同于斑岩型金矿。美国卡林型金矿的容矿岩石是志留-泥盆系白云质灰岩、泥盆系灰岩、碎屑岩。

（2）中国类卡林型金矿的成矿时代为燕山构造阶段，距今(137±5)Ma。美国卡林型金矿的成矿时代为第三纪，距今(37±2)Ma。

金矿地球化学工作者，抓住可见的特征，才能判断一个金矿床的类型。关于"成矿性质与过程"，人类在不断研究，认识在不断提高。但都是根据一些测试数据，推断成矿性质与过程，建立成矿模式，尽量接近自然过程。作者根据测试数据，对类卡林型金矿的成矿性质和过程进行了推断，建立了成矿模式。

本书论述了中国类卡林型金矿床的发现，这是中国地球科学工作者对人类的贡献，对祖国的贡献。全世界的地球科学工作者，运用中国类卡林型金矿床理论，就会在你的祖国也发现一个新的金矿类型。

本书的出版，感谢原冶金部西南地勘局荣春勉等同志和天津地质研究院文国林、李兴国同志，在科研工作中的密切合作。本书第一章、第二章的资料，由荣春勉同志整理。

由于水平所限，书中难免有不妥之处，敬请读者批评指正。

2008 年 7 月 23 日

目 录

第一章 地层和岩石

第二章 构 造

第四章 成矿条件

第一章　地层和岩石

第一节　地　层

一、前震旦系

区域出露前震旦系碧口群（Ptbk），主要在古城断裂以北呈近东西向分布。大量同位素年龄资料表明，碧口群沉积时代为中、晚元古代、并与北方震旦系的长城、蓟县、青白口组及四川通木梁群、黄水河群等可以对比。碧口群在本区内分上、中、下三个岩组，其中下岩组为非稳定型深海复理石建造，中部为非稳定型海相细碧角斑岩建造，上部为杂陆屑～火山碎屑建造。平武一带厚 $700 \sim 2400m$。向东延至陕西省厚约 $6000m$。自下而上为：

（1）碧口群下岩组（$Ptbk^1$）：千枚岩夹少量阳起石片岩及变砂岩。

（2）碧口群中岩组（$Ptbk^2$）：变质基-中性火山岩、凝灰质千枚岩、变砂岩等。

（3）碧口群上岩组（$Ptbk^3$）：变质中酸性火山岩、凝灰质千枚岩、变砂岩等。

碧口群中，金含量偏高，为 14.3×10^{-9}（10^{-9} 相当于非标准计量单位的 ppb，下同）。在中、上岩组中赋存变火山岩型金矿点 35 处。

二、震旦系

本区震旦系局部分布在摩天岭地背斜南部，呈近东西向出露，假整合或不整合于志留系茂县群之下，为一套地槽型变质碎屑岩-碳酸盐岩建造，总厚为2600~4300m。自下而上为：

（1）震旦系下统阴平组（Zay）：变粒岩（变砂岩）与千枚岩不等厚互层。

（2）震旦系上统。

1）木座组（Zbm）：含砾变砂岩，变砂岩。

2）蜈蚣口组（Zbw）：千枚岩、结晶灰岩互层，夹少量变砂岩。

3）水晶组（Zbs）：结晶灰岩、白云质结晶灰岩。底部有含磷变砂岩。

三、志留系

区内志留系出露不全，上统白龙江群上岩组（S_3bl^3），为硅质板岩，仅在中西部极少范围内分布。

四、泥盆系

区内泥盆系，因横跨漳腊、文县两图幅，划分不甚统一。因此，将漳腊幅（1：20万）石坊组硅质砾岩置其下，将文县幅（1：20万）中，泥盆系第一岩性段（$D_2^1S_{(1+2)}$）置其上，归并为下泥盆统石坊组（表1-1）。$D_2^1S_3$ 至 $D_2^1S_7$ 则分别纳入中、上泥盆系（统）。

（1）下泥盆统石坊组（D_1S）。底部以灰黑色砾岩假整合于上志留统白龙江群（S_3bl）之上。中为灰黑色含砾砂岩、炭质粉砂岩夹黑色变质沉凝灰岩及碱性玄武岩。上为黑色含炭粉砂质板岩或泥质粉砂岩，夹青灰色砂质薄层灰岩透镜体。其中火山岩以上有含沥青、放射性异常及铜、钒矿化及煤系地层。本组地层普遍发育硅化、方解石化、石膏化、重晶石化等低温蚀变作用。总厚约1200~4000m。

表1-1　泥盆系划分对比

工作时间及单位	1978年《漳腊幅》四川地质局第二区测队(1:20万)		1970年《文县幅》陕西区测队28分队(1:20万)			本书(1991年)	
上伏地层	下石炭统益哇组(Cg)		石炭系(C)			石炭系(C)	
泥盆系　上统	陡石山组 D_3d					$D_2^1S_7$	D_3^{2-2}
						$D_2^1S_6$	D_3^{2-1}
	擦阔合组(D_3c)		上部碳酸盐建造($D_2^1S_3^3$)			$D_2^1S_5$	D_3^1
泥盆系　中统	古道岭组 上部岩性段(D_2g^3)	中泥盆统三河口组 第六岩性段($D_2^1S_6$)未见底	第一岩性段 $D_2^1S_3^2$			$D_2^1S_4$	D_2^2
	古道岭组 中部岩性段(D_2g^2)						
	古道岭组 下部岩性段(D_2g^1)		下部含铁岩系及沉积铁矿 $D_2^1S_3^1$	上部含矿层			
	岷堡沟组(D_m)			中部含矿层		$D_2^1S_3$	D_2^1
				下部含矿层			
泥盆系　下统	石坊组(DiS)		第一岩性段($D_2^1S_{1+2}$)			$D_2^1S_{(1+2)}$	D_1S
下伏地层	上志留统白龙江群(S_3bl)		下古生界碧口群(Ptbk)(?)			前震旦系碧口群	

（2）中泥盆统下段（D_2^1）。下部为砂岩、石英岩、夹赤铁矿多层。上部为灰色灰岩夹泥灰岩，产笛管珊瑚。本层有沉积赤铁矿层。相当于中泥盆"岷堡沟组"（D_2m），与下伏石坊组为假整合，厚2000～3600m。

（3）泥盆系中统上段及上统本区未出露，略。

五、石炭系（C）

石炭系文县幅（1:20万）未细分，漳腊幅（1:20万）三统齐全。分布于白马弧形构造周边，为一套滨海陆棚相碳酸盐沉积，厚1873m。

六、二叠系

研究区西部将二叠系下统分为栖霞组（P_1q）和茅口组（P_1m）。其岩石组合分别为沥青灰岩和燧石灰岩。

七、三叠系

自下而上分为三统六个地层单元。

（1）下三叠统菠茨沟组（T_1b）：本组地层分布有限，在三叠系底部呈狭窄的条带状。由薄板状板岩及板岩组成。厚0~86m，与上覆中三叠统及下覆下二叠统均为假整合接触。

（2）中三叠统扎尕山群（T_2zg）：下部为板岩、砂岩互层含铁锰岩系，上部为灰岩、砂岩互层，南坪牙屯夹有基性火山熔岩。平武中西部相变为：上部灰岩、砂岩互层，下部为块状灰质白云岩，厚1311m。虎牙式铁锰矿赋存于本组底部。

（3）上三叠统（T_3）：为一套含晚三叠世海相瓣鳃的灰色、绿灰色碎屑岩，分布广泛。自下而上为四个地层单元，各地层单元间为整合接触。

1）杂谷脑组（T_3z）：灰绿色中厚层状凝灰质砂岩，层凝灰岩，岩屑砂岩等粗碎屑岩，夹极少量板岩，为海相复理石建造，厚382~693m。

2）侏倭组（T_32zh）：灰绿色中~厚层状凝灰质砂岩。钙质砂岩和板岩的韵律式互层，厚362~917m。

3）新都桥组（T_3x）：深灰、黑色粉砂质板岩、钙质板岩、炭质板岩。夹少量不稳定的凝灰质砂岩厚345m。

4）罗空松多组（T_3l）：灰色中厚层状钙质砂岩及粉砂质板岩互层，砂岩多于板岩。

上述几个地层单元均为整合过渡沉积，与上覆白垩系，第三系为不整合。

八、侏罗系

以碎屑岩为主，零星出露。

第二节　火山岩和岩浆岩

一、火山岩

（一）碧口群中部火山岩

碧口群中部火山岩由基性细碧岩、石英角斑岩及相应的火山角砾岩、凝灰岩等组成。多具杏仁状构造、枕状构造、条带状构造及气孔。厚度在桂花桥沟剖面为2100m。细碧岩等熔岩多夹在集块岩、凝灰岩间，呈扁豆体状，单层厚5～50m。向上则有沉凝灰岩及变质砂岩与火山岩呈互层。碧口群下亚群为深-半深海相陆源碎屑复理石建造。碧口群火山岩喷发类型为裂隙式。氧化度小于1，证明喷发环境为深-次深海。碧口群喷出相有喷溢相和爆发相。桂花桥沟见由熔结角砾岩组成的火山集块岩；喷溢相则有枕状构造。碧口群火山岩喷发旋回，至今可划分为七个。其演化趋势是由基性向酸性演化，碧口群火山岩化学特征见表1-2、表1-3。火山岩以钙碱系列为主，据碱度率知，该火山岩主要为岛弧型，图1-1里特曼-戈蒂里图支持这一判断。碧口群岩石平均含金14.3×10^{-6}（10^{-6}相当于非标准单位的ppm，下同）。

（二）下泥盆统石坊组中火山岩

下泥盆统石坊组中火山岩，下为沉凝灰岩，中为碱性玄武岩，上为安山岩。玄武岩具气孔构造。据碱度率图表明，它为过碱系列，FAM图解为拉斑玄武岩，属于川西北地槽区局部裂合过程中出现线状张裂时期的产物。岩石中有铜矿化及后期石膏脉，碱性玄武岩含金$(10 \sim 16) \times 10^{-9}$。

表 1-2　四川平武南坪火山岩岩石全分析数据

序号	时代	产地	岩石名称	分析项目 (w_B)/%															资料来源
				SiO_2	TiO_2	Al_2O_3	Fe_2O_3	FeO	MgO	MnO	CaO	NaO	K_2O	P_2O_5	H_2O^+	H_2O^-	CO_2	SO_2	
1	中三叠统	南坪	酸性火山岩	73.40	0.25	14.43	1.42	1.22	0.22	0.00	0.04	0.50	2.07	0.21		0.70			测区地质报告
2		塔藏	安山质火山岩	63.22	0.45	14.65	0.44	3.35	1.88	0.08	2.77	2.76	2.72	0.09		0.27			《章腊幅》(1:20万)
3		南坪	细碧岩	39.14	3.40	14.55	2.59	10.87	7.08	0.24	5.45	2.75	1.81	0.73	4.77	0.74			
4		牙屯	基性角砾熔岩	55.54	1.50	17.86	1.26	5.47	3.28	0.29	2.45	7.72	0.18	0.65	2.37	0.19			
5	泥盆系石坊组	平武胡家	碱性玄武岩	48.28	2.50	12.22	17.42	0.26	1.84	0.04	0.83	3.59	3.26	0.41	6.70	0.78	1.91	2.65	参考文献[1]
6		磨	碱性玄武岩	48.28	3.26	16.09	13.49	0.42	1.70	0.02	0.70	4.29	1.69	1.20		1.75	0.39	0.66	
7	前震旦系碧口群	平武	变质基性火山岩	41.92	3.50	12.10	4.55	6.99	7.71	0.23	12.45	0.14	1.26						测区地质报告 武幅(1:20万)
8		阴平	变质酸性火山岩	71.58	0.13	14.51	0.55	1.23	1.39	0.04	1.09	5.00	0.22						
9		平武桂花	变细碧岩	48.34	1.60	12.11	4.30	9.44	7.54	0.28	9.83	1.84	0.06	0.14	3.08				川西北碧口群的研究报告
10		桥㝢	变细碧岩	53.40	1.88	15.31	4.93	3.35	3.31	0.15	10.75	3.30	0.45	0.44	1.43				

表1-3 四川平武南坪火山岩特征值

编号	时代	产地	岩石名称	里特曼指数(δ)	资料来源
1	三叠系 扎尕山群	南坪塔藏	酸性火山岩	0.22	区测地质报告 《漳腊幅》 （1：20万）
2			安山质火山岩	1.49	
3		南坪牙屯	细碧岩	−5.38	
4			基性角砾熔岩	0.63	
5	泥盆系 石坊组	平武 胡家磨	碱性玄武岩	8.89	参考 文献[1]
6			碱性玄武岩	6.77	
7	前震旦系 碧口群	平武 阴平	基性火山岩	−1.81	川西北地区碧 口群的时代层序， 火山作用及含矿 性研究报告，李小 壮等,1988年
8			变质酸性 火山岩	0.95	
9		平武 桂花桥沟	变细碧岩	0.67	
10			变细碧岩	1.35	

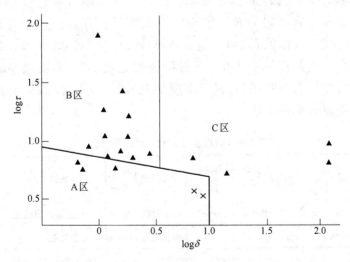

图1-1 里特曼-戈蒂里图

（据参考文献［1］）

A区—非构造带（板块内部稳定构造区）火山岩；B区—造山带

（岛弧及活动大陆边缘区）火山岩；C区—A、B区火山岩派生的碱性岩

（三）中三叠统火山岩

中三叠统扎尕山群中有基性火山岩喷溢，因其出露于南坪县塔藏附近，又称塔藏玄武岩。典型剖面在牙屯沟，由凝灰岩、集块岩和细碧岩组成三个喷发旋回，总厚约164m。

由表1-2知，TiO_2、Al_2O_3、Fe_2O_3 含量（质量分数）低，FeO、Na_2O、CaO 含量（质量分数）高；碱度系数为1.26 ~ 2.54。喷出岩为钙碱系列向碱性系列过渡类。

从产状及伴生沉积岩类分析，为海底中心裂隙式喷发。

扎尕山群平均含金为 7.54×10^{-9}。

二、岩浆岩

（一）概述

区域岩浆岩除太古代及新生代外，其他各地质时代均有出露。印支期岩浆岩分布较广泛，其余各期岩浆岩仅有零星分布。岩浆岩分布，均沿区域大断裂。有同位素年龄数据的代表岩体见表1-4，基本地质特征见表1-5和图1-2，岩石全分析数据见表1-6，岩石特征值见表1-7，岩石微量元素含量见表1-8，岩石稀土丰度见表1-9，岩浆岩 CIPW 标准矿物成分见表1-10。

表1-4　岩浆岩侵入时代及岩石类型

岩体名称	岩石类型	同位素年龄/Ma	侵入时代	测定方法	资料来源
紫柏杉	白云母斜长花岗岩	164	燕山早期	K-Ar	松潘幅区测报告
甲勿池	花岗斑岩	199	印支晚期	Rb-Sr	参考文献 [1]
轿子顶	闪长岩	865	晋宁晚期		四川构造体系与铁、铜矿产分布规律图说明

据参考文献 [1]。

表 1-5　岩浆岩基本地质特征

活动期次	岩石序列	岩体产状	主要岩石类型	派生脉岩
燕山早期	碱性系列	岩基、岩株、岩盖、岩脉	二云母花岗岩、云母花岗岩、斜长花岗岩	伟晶岩、细晶岩、花岗斑岩、辉绿玢岩、斜长花岗岩
印支期 晚期	碱性系列	岩墙、岩脉	黑云母花岗岩、石英闪长岩、斜长花岗岩、二长花岗岩	细晶岩、伟晶岩、花岗斑岩、闪长玢岩、辉绿玢岩
印支期 早期	钙碱性系列为主	岩株、岩脉	黑云母花岗岩、二云母花岗岩、二长闪长岩、英安质流纹岩	斜长花岗斑岩、花岗闪长岩、闪长玢岩、辉绿岩
海西期		岩墙、岩脉	辉长岩、辉绿岩	辉绿玢岩、拉辉煌斑岩
加里东期		岩脉	闪长岩	
晋宁期		岩脉、岩株、岩墙	花岗岩、花岗闪长岩、角闪花岗岩	

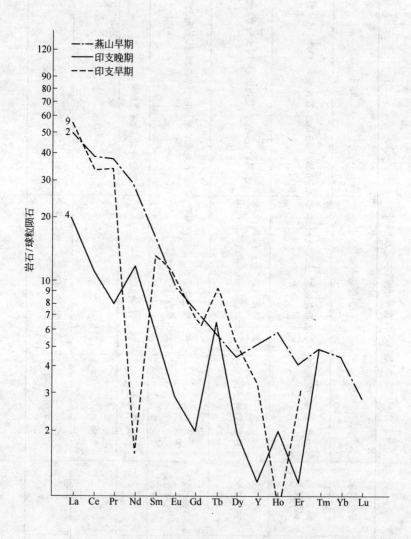

图 1-2 岩浆岩稀土组成模式

据参考文献 [1]

表 1-6 岩浆岩岩石全分析数据

序号	时代	产地	岩石名称	化学成分(w_B)/%															资料来源
				SiO_2	TiO_2	Al_2O_3	Fe_2O_3	FeO	MnO	MgO	CaO	Na_2O	K_2O	Cr_2O_3	CoO	NiO	P_2O_5	SO_2	
1	燕山早期	四川平武紫柏杉	白云母二长花岗岩	69.42	0.05	16.27	1.73	0.23	0.04	0.09	0.77	4.43	3.87						区测地质报告《松潘幅》(1:20万)
2			白云母斜长花岗岩	72.3	0.05	15.08	0.47	0.99	0.04	0.06	0.86	4.43	3.43						
3	印支晚期	四川南坪联合村	花岗斑岩	76.88	0.12	13.48	0.54	0.36	0.01	0.76	0.74	0.08	2.08	0.001	<0.001	<0.001	0.092	0.044	参考文献[1]
4				75.90	0.19	14.31	1.00	0.25	0.01	0.53	0.92	0.08	0.90	0.003	<0.001	0.001	0.08	0.128	
5				68.10	0.29	15.83	3.05	0.50	0.04	0.89	2.07	0.06	2.00	0.006	0.003	0.013	0.357	0.032	
6				63.22	0.27	15.45	2.11	0.52	0.03	0.73	6.50	0.06	2.33	0.009	0.002	0.011	0.154	0.036	
7	印支早期	甘肃文县石坞子梁	二长花岗岩	67.48	0.29	15.26	0.20	2.31	0.03	2.91	2.66	3.70	3.92	0.005	0.001	0.002	0.14	0.044	参考文献[1]
8				67.83	0.31	15.68	0.83	1.91	0.03	1.08	3.99	3.87	3.44	0.004	0.001	0.002	0.172	0.04	
9	晋宁早期	平武轿子顶	中细粒花岗岩	72.68	0.10	13.30	1.09	0.65	0.07	0.39	2.20	4.74	2.20						平武幅(1:20万)
10	海西期	平武胡家磨	拉辉煌斑岩	41.86	2.21	12.80	7.84	0.19	0.01	1.75	7.70	3.39	2.82	0.051	<0.001	0.009	0.08	14.36	参考文献[1]

据参考文献[1]。

表 1-7　岩浆岩特征值

序号	时代	产地	岩石名称	碱总量 /%	碱度率 (AR)	资料来源
1	燕山早期	平武紫柏杉	白云母二长花岗岩	8.30	2.90	区测地质报告《松潘幅》（1：20 万）
2			白云母斜长花岗岩	7.86	2.95	
3	印支晚期	南坪联合村	花岗斑岩	2.16	1.36	
4		文县沟沟口		7.40	2.51	参考文献[1]
5	印支早期	文县石垭子梁	二长花岗岩	7.62	2.41	
6				7.31	2.18	
7	晋宁期	平武轿子顶	中细粒花岗岩	6.94	2.62	《平武幅》（1：20 万）
8	海西期	平武胡家磨	拉辉煌斑岩	6.21	1.87	参考文献[1]

据参考文献[1]。

表 1-8 岩浆岩微量元素含量

序号	时代	产地	岩石名称	元素含量(w_B)																		
				Au①	Ag①	As	Sb	Hg	Cu	Pb	Zn	Mn	Cr	Ni	Co	V	Mo	W	Zr	Ba	Sr	B
1	印支晚期	南呼联合村	花岗斑岩	0.004	0.03	30	10	0.11	10	35	50	1500	120	45	30	100	<0.60		100	600	100	100
2				0.001	0.10	80	10	0.08	10	35	10	2500	30	80	30	35	<0.60		35	1000	200	150
3				0.030	0.05	1000	80	3.17	40	30	35	900	100	150	45	80	<0.60		30	180	80	250
4				0.035	0.10	600	65	0.98	30	20	35	400	60	100	20	60	<0.60		50	30	250	300
5				0.015	0.10	700	60	3.75	20	30	40	1200	50	100	30	60	<0.60		60	600	200	100
6		文县沟		0.001	0.30	<30	<10	0.20	85	30	60	1200	45	40	20	100	3.00	1	120	3500		100
7				0.001	0.05	<30	<10	0.02	15	25	20	700	5	5	15	30	1.00	1	80	300		<30
8	印支早期	文县石坝子梁	石英闪长岩	0.001	0.05	<30	<10	0.06	145	20	30	2250	20	15	15	30	0.60	1	30	425		<30
元素克拉克值(泰勒,1964)				0.004	0.07	1.8	0.2	0.08	55	12.5	70	950	100	75	25	135	1.5	1.5	165	425	375	10
地壳微量元素丰度值(Barth,1962)				0.005	0.10	2	0.2	0.50	45	15	65	1000	200	80	23	110	1.0	1.0	160	400	450	3
花岗岩中元素的含量(维诺格拉多夫,1962)				0.0045	0.05	1.5	0.26	0.08	20	20	60	600	25	8	5		1.0	1.5	200	830	300	15

① 表中 Au、Ag 的单位为 g/t；其余元素为 1×10^{-6}。

据参考文献[1]。

表1-9 岩浆岩稀土元素丰度和标准化值(w_B)

序号	时代	产地	岩石名称	La		Ce		Pr		Nd		Sm		Eu		Gd	
				A	S	A	S	A	S	A	S	A	S	A	S	A	S
1	燕山早期	平武虎牙关	二云母二长花岗岩	15.00	45.88	31.00	32.98	3.70	30.83	15.00	25.00	2.90	14.50	0.57	4.81	2.10	6.77
2		牙关	长花岗岩	16.50	51.56	37.00	39.36	4.50	37.50	16.50	27.50	3.10	15.50	0.70	9.59	2.30	7.42
3				19.00	59.38	34.00	36.17	3.10	25.83	12.00	20.00	1.90	9.50	0.53	7.26	1.50	4.84
4	印支晚期	南坪联合村	花岗斑岩	6.50	20.31	11.00	11.70	0.95	7.92	7.30	12.17	1.20	6.00	0.21	2.88	0.62	2.00
5				21.00	65.63	42.00	44.68	3.80	31.67	16.00	26.67	2.50	12.50	0.73	10.00	2.20	7.10
6				28.00	87.50	50.00	53.19	4.70	39.17	17.00	28.33	2.70	13.50	0.51	6.99	1.90	6.13
7				28.00	87.50	50.00	53.19	4.40	36.67	17.00	28.33	2.70	13.50	0.67	9.18	2.10	6.77
8	印支早期	文县石垭子梁	闪长玢岩	18.00	56.25	32.20	34.26	4.38	36.50	14.00	23.33	2.97	14.85	0.68	9.32	2.29	7.39
9				18.10	55.55	32.50	34.57	4.18	34.83	0.71	1.18	2.73	13.65	0.75	10.27	2.06	6.65
10	海西期	平武胡家磨	拉辉煌斑岩	39.00	121.88	59.00	62.77	6.48	54.00	19.50	32.50	3.45	17.25	0.87	11.92	2.21	7.13

序号	时代	产地	岩石名称	Tb A	Tb S	Dy A	Dy S	Ho A	Ho S	Er A	Er S	Tm A	Tm S	Y A	Y S
1	燕山早期	平武虎牙关	二云母二长花岗岩	0.27	5.40	1.20	3.87	0.30	4.11	0.52	2.48	0.12	3.64	7.10	3.62
2				0.28	5.60	1.60	5.16	0.43	5.89	0.80	3.81	0.16	4.85	10.00	5.10
3				0.45	9.00	1.30	4.19	0.23	3.15	0.48	2.29	0.22	6.67	6.00	3.06
4	印支晚期	南坪联合村	花岗斑岩	0.34	6.80	0.61	1.97	0.15	2.05	0.32	1.52	0.18	5.45	3.40	1.73
5				0.62	12.40	1.90	6.13	0.42	5.75	0.95	4.52	0.40	12.12	10.00	5.10
6				1.70	34.00	1.40	4.52	0.36	4.93	0.61	2.90	0.38	11.52	6.40	3.27
7				0.60	16.00	1.60	5.16	0.45	6.16	0.82	3.90	0.44	13.33	9.00	4.59
8	印支早期	文县石垭子梁	闪长玢岩	0.54	10.80	1.71	5.52	0.31	4.25	0.75	3.57	0.15	4.55	7.79	3.97
9				9.60	1.40	1.40	4.52	0.03	0.41	0.62	2.35	0.14	4.24	6.32	3.22
10	海西期	平武胡家磨	拉辉煌斑岩	0.43	8.60	1.80	5.81	0.30	4.11	0.80	3.81	0.29	8.79	7.46	3.81

序号	时代	产地	岩石名称	Yb A	Yb S	Lu A	Lu S	ΣREE A	La/Yb A	La/Yb S	Eu/Sm A	Sm/Nd A	Sm/Nd S	LREE A	资料来源
1	燕山早期	平武虎牙关	二云母二长花岗岩	0.53	2.79	0.064	2.06	80.37	28.30	16.80	0.20	0.19	0.58	68.17	据孙树岩
2				0.82	4.32	0.089	2.87	94.78	20.12	11.94	0.26	0.19	0.56	78.30	据孙树岩
3				0.58	3.05	0.10	3.23	81.39	32.79	19.46	0.28	0.16	0.48	70.53	
4	印支晚期	南坪联合村	花岗斑岩	0.41	2.16	0.08	2.58	33.27	15.85	9.40	0.18	0.16	0.49	27.16	
5				1.20	6.32	0.19	6.13	103.91	17.50	10.38	0.29	0.16	0.47	86.03	
6				0.55	2.89	0.80	25.81	117.01	50.91	30.26	0.19	0.16	0.48	102.91	参考文献[1]
7				0.75	3.95	0.11	3.55	118.84	50.91	30.28	0.25	0.16	0.48	102.77	
8	印支早期	文县石垭子梁	闪长玢岩	0.70	3.68	0.11	3.55	104.58	25.71	15.29	0.23	0.21	0.64	72.23	
9				0.58	3.05	0.09	2.90	70.69	31.21	18.54	0.27	3.65	11.58	58.97	
10	海西期	平武胡家磨	拉辉煌斑岩	0.71	3.74	0.09	2.90	142.39	54.93	32.59	0.25	0.18	0.53	128.30	

注：1. A—样品稀土元素测定值；S—（样品测定值/球粒陨石）标准化值。

2. 表中稀土元素的单位为 1×10^{-6}。

表 1-10　岩浆岩 CIPW 标准矿物成分

序号	时代	产地	岩石名称	CIPW 标准矿物成分										
				Q	Or	Ab	An	Di	Hy	Mt	Il	Ap	C	HK
1	燕山早期	紫柏杉	斜长花岗岩	26.76	23.18	37.77	3.97		0.28	0.86	0.18		3.28	1.23
2				31.13	20.58	37.77	4.42		1.63	0.81	0.18		2.40	
3	印支晚期	联合村	花岗斑岩	56.46	12.13	0.80	7.57		2.27	1.20	0.64	1.04	10.74	2.31
4	印支早期	文县石垭子梁	二长花岗岩	23.88	20.64	33.04	15.10	2.64	3.81	1.33	0.67	0.60		
5	海西期	平武胡家磨	拉辉煌斑岩		16.97	28.97	11.23	7.45		1.06	0.69	0.37		

据参考文献[1]。

（二）岩浆岩各论

1. 晋宁期岩浆岩

晋宁期岩浆岩仅有轿子顶杂岩体一个，区内面积约 $16km^2$，呈穹隆状岩基产出，是由花岗岩与闪长岩共同组成的杂岩体。本期岩浆岩以高硅、富碱、贫钙为特征，属碱性系列花岗岩。

2. 加里东期和海西期岩浆岩

狮子口加里东期闪长岩，胡家磨海西期拉辉煌斑岩脉，区域分布范围极小，活动十分微弱。拉辉煌斑岩脉为过碱性系列。

3. 印支早期岩浆岩

印支早期岩浆岩均为酸性侵入岩，活动较强，沿摩天岭地体南界及摩天岭山脉分布。代表岩体有摩天岭、南一里黑云母花岗岩和石垭子梁二长花岗岩。多为岩基或岩株状产出，侵入体外接触带常见大理岩化等热蚀变作用。岩石多为富钠、铝过饱和的钙碱性系列。Au、Ag、As、Hg 含量小于地壳克拉克值。

4. 印支晚期岩浆岩

本期岩浆岩均呈脉状侵位于断裂破碎带，层间裂隙、脆性剪切带内。分布方向常与构造和岩层走向一致，可见宽 $1 \sim 100m$，延长 $2 \sim 30km$。在四川南坪联合村和甘肃文县阳山，形成岩脉群。

岩脉组成以花岗斑岩为主，另有少量石英斑岩、花岗细晶岩、花岗闪长岩等岩脉。岩脉产状陡，多为 $70° \sim 80°$。岩脉中常见粉砂岩、板岩灰岩等捕房体。

岩石呈斑状、变余斑状结构。斑晶以斜长石、石英为主，白、黑云母次之。斜长石有时呈聚斑，石英斑晶常呈浑圆状、港湾状。后期动力变质作用强烈，斑晶常破裂且见长英质构成的环边。基质为细粒花岗结构、霏细~嵌晶结构、隐晶结构、变余微粒结构等。成分主要为石英、长石。岩石中见有黄铁矿、辉锑矿、磁铁矿、辰砂、雄黄等。

岩石化学分析数据（表1-6）表明，本期岩浆岩为高硅、富钾、铝过饱和的钙碱性花岗岩类。

副矿物为磷灰石-锆石组合。锆石也有磨蚀现象。所有副矿物在斜长石、黑云母、石英斑晶中均有包体出现。在岩石中可见陆壳稳定矿物——锰铝石榴子石。

由表1-8可见，微量元素中As含量最高，Ag、Sb含量次之，Au、Hg含量略高于地壳克拉克值。稀土配分为明显的Eu负异常，轻稀土含量大于重稀土，区域岩体平均含金8.84×10^{-9}。

采用甲勿池花岗斑岩样品，Rb-Sr等时线年龄为199.28Ma。

本期岩体为壳源改造型，就位于本期和早期剪切带及层间破碎带，本期岩浆岩是本区重要容矿岩石。

5. 燕山早期岩浆岩

本期岩体有虎牙二云母花岗岩体和紫柏杉白云母斜长花岗岩体，前者顺层侵位，后者为岩株群，主要造岩矿物有钠长石、更长石、中长石、石英等。长石多为自形-半自形晶，具绢云母化。块状构造，文象及不等粒花岗结构。石英含量25%~30%，他形粒状，具波状消光，部分具熔蚀边。次要矿物为白云母等，副矿物有磷灰石、电气石、榍石、绿帘石、偶见锆石。金属矿物有黄铁矿、毒砂、辉钼矿等。

岩石化学成分表明，本期岩浆岩为铝过饱和的碱性系列岩石。燕山早期花岗岩微量元素含量见表1-11。

燕山早期花岗岩类为幔壳混染型花岗岩。

表 1-11　燕山早期花岗岩微量元素含量

岩体名称	岩石名称	样品数	元素含量(w_B)/g·t^{-1}										
			Au	Ag	As	Sb	Hg	Cu	Pb	Zn	Sn	Li	B
紫柏杉	白云母斜长花岗岩	6	0.001	0.11	7.8	0.29	0.08						
虎牙	二长花岗岩	5						24	60	70	52	360	96
酸性岩成矿元素维格诺拉多夫 1962			0.0045	0.5	1.5	0.26	0.08	20	20	60	3	40	15

据参考文献 [1]。

第三节　区域低温元素地球化学

该区无系统的地球化学资料，仅有区测重砂异常、部分地区松散沉积物分散流资料，以及为了找矿目的，在某些矿点获得的次生晕、原生晕等地球化学测量结果。参考文献 [1] 测量的地质地球化学资料，是研究本区与金有关的低温元素地球化学的基础。

一、微量元素的区域丰度

区域岩石中微量元素丰度与陆地地壳、沉积岩及泰勒提供的元素地壳克拉克值的对比（表 1-12）可归纳出以下几点：

（1）微量元素 Au、As、Hg、Sb、Ag、Ba、Cu、Pb、Zn、V、Mo、Sr 等 12 种元素均高于克拉克值、陆地地壳和沉积岩的平均含量，其中 As、Sb、Ag 高出一个数量级以上，其余元素则高出数倍或略高。B、Mn、Ni、Co、Zr 均低于或相当于表中三个比较参数含量，Cr 仅比沉积岩高，而比陆地地壳和地壳平均值低。

（2）本区不仅成矿元素 Au 高于地壳及沉积岩的平均值，

表 1-12　四川南坪、平武地层（不含碧口群、茂县群）微量元素含量平均值与地壳含量平均值对比　（$w_B/g \cdot t^{-1}$）

地层	Au	As	Hg	Sb	Ag	Ba	Cu	Pb	Zn	V	Mo	B	Sr	Mn	Cr	Ni	Co	Zr
四川南坪平武	0.0046	57	0.75	25	0.76	2178	108	29	98	199	12	74	809	643	78	40	15	128
陆地地壳②	0.0035	1.7	0.08	0.45	0.065	400	50	13	81	120	1.1	10	470	1000	80	60	18	140
沉积岩①	0.0051	8.6	0.27	1.0	0.065	465	40	15	72	90	2.9	81	41	1100	63	56	15	130
地壳②	0.004	1.8	0.08	2	0.07	425	55	12.5	70	135	1.5	10	375	950	100	75	25	165

①据黎彤等（1981）；②据泰勒（1964）。

注：1. 样品数 350 件。

2. 据参考文献 [1]。

低温元素 As、Sb、Ba、Hg、Ag 等元素的丰度也都偏高。据化学分析 Tl 平均含量为 1.14×10^{-9}，也高出地壳克拉克值。

（3）本区类卡林型金矿的成矿作用，是在 Au 成矿元素背景相对较高的地球化学场中进行的。

二、微量元素在各时代地层中的分布

因中元古界碧口群与志留系茂县群分析的微量元素种类，不同于下泥盆统石坊组，且资料不够齐全，故将其分列为表 1-13 和表 1-14。

由表 1-13 可以看出：

（1）Au 在各时代层位中的分布，以碧口群为最高，其他时代地层中变化不大。其变化系数一般均大于 1，仅中泥盆统 Au 的变化系数小于 1，而本层含 Au 又最低，说明低温热液活动对该层位作用最小，其金含量为 2.5×10^{-9}，大致可反映研究区背景值。

（2）Au 与其他低温元素如 As、Sb、Hg、Tl、Ba 等在研究区所有时代地层中均高于地壳克拉克值。从分布在某些层位中的石膏脉来看，该区域地层单元形成后，均可能发生酸滤蚀变作用。

由表 1-14 可以看出：碧口群中 Au、As、Hg、Ag、Pb、Zn、W、Ti、Mn、B、Zr、Ga、Be 等 13 种元素高于其克拉克值。Ba、Cu、V、Ni、Cr、Co 等 6 种元素含量低于其克拉克值。

志留系茂县群微量元素组合是：Au、Ag、Hg、Sb、As、Ba、Pb、Cd、Sn、W、Bi 等 11 种元素含量高于其克拉克值；Cu、Zn、Mo、V、Ti、Mn、Ni、Cr、Co、Sr 等 10 种元素低于其克拉克值，其特点是低温元素组合高，而铁族元素组合低。

三、金及微量元素在不同岩石中的变异特征

由表 1-15 和表 1-16 总结归纳如下：

表1-13 四川南坪、平武多时代层位微量元素参数（原生晕）

层位/样数	参数类型	Au	As	Hg	Sb	Ag	Ba	Cu	Pb	Zn	Mn	V	Mo	B	Sr①	Cr	Ni	Co	Zr
T_2z 148件	算术平均值	△8.17	△34.50	△1.05	△3.2	△0.29	356.7	9.5	△22	18.2	735.0	51.7	△7.0	△88.5	△1206.7	58	20.2	11.9	△194.2
	均方差	9.44	15.3	2.76	9.4	0.45	177.3	7.3	16.1	14.2	1669.7	31.2	4.0	69.6	926.3	102	16.7	17.9	111.9
	变化系数	116	44	263	290	156	50	77	73	78	227	60	57	79	77	176	83	151	58
T_2zg 20件	算术平均值	△5.28	△43.5	△0.64	△0.9	△0.27	300	245	△15.0	23.4	402.9	67.3	△2.2	△35.5	△721.0	47.7	25.2	11.7	△172.25
	均方差	7.19	30.1	85.80	1.1	0.27	230.9	28.6	13.4	27.7	383.5	57.1	4.3	38.8	572.7	32.4	23.9	22.5	172.2
	变化系数	136	692	134	122	101	77	117	90	118	95	85	198	109	79	68	95	192	100
C 37件	算术平均值	△6.14	△86.9	△0.43	△14.5	△0.13	179.5	9.7	△15.8	20.5	557.4	40.9	△0.4	△61.9	△829.2	28.5	34.3	14.5	47.0
	均方差	11.64	208.6	0.78	20.3	0.25	237.5	7.8	14.4	18	1098.8	42.1	0.3	71.6	1567.5	28.5	41.6	14.7	82.8
	变化系数	190	240	182	140	1.92	132	79	91	88	197	105	73	115	189	100	121	102	133

层位 样数	参数类型	Au	As	Hg	Sb	Ag	Ba	Cu	Pb	Zn	Mn	V	Mo	B	Sr①	Cr	Ni	Co	Zr
D_2^1 37件	算术 平均值	2.54	△35.4	△0.52	△51.4	△0.12	266.8	15.4	△15.5	21.8	687.4	37.4	△0.8	△84.2	△557.2	31.4	19.5	12.6	101.9
	均方差	2.26	32.4	0.44	97.5	0.15	259.1	20.5	11.8	19.5	1113.8	39.4	1.1	90.4	517.6	31.5	24.0	19.2	113.4
	变化系数	89	91.6	85	190	125	97	133	76	90	162	105	140	107	92.0	100	123	152	111
D_1S 148件	算术 平均值	△4.54	△53.7	△0.71	7.2	△1.46	△4236.3	△191.1	△38.2	△168.5	604.8	△534.7	△27.9	△77.6	△632.8	△124.1	57.4	11.3	148.5
	均方差	6.52	175.8	1.62	17.1	2.47	4647.3	458.1	28.6	270.2	1367.2	1698.5	41.9	61.7	787.3	138.0	66.6	15.4	112.9
	变化系数	144	327	230	236	169	110	240	75	160	226	318	150	79	124	111	116	137	76

①Sr 元素在 D_1S 中的样品数为 72 件。

注：1. △为丰度值大于地壳克拉克值（泰勒 1964）。

2. Au 元素为 1×10^{-9}，其余元素单位为 g/t。

3. 据参考文献 [1]。

表 1-14 茂县群、碧口群微量元素参数（原生晕）

时代层位样品数	参数类型	Au	As	Hg	Sb	Ag	Ba	Cu	Pb	Zn	Cd	Mo	Sn	W
志留系 茂县群 71件	算术平均值	△10	△5.0	0.01	△26.9	△0.1	△432.7	26.4	△23.4	64.9	△2.5	0.9	△4.0	△5
	均方差	0.03	0	0	11.5	0.08	287.2	22.3	11.3	30.7	0	0.3	1.6	0
	变化系数	300	0	0	43	80	66	84	48	47	0		40	0
前震旦系 碧口群 上中段 1500件	算术平均值	△14.8	△6.1	△0.6		△0.5	△406.3	32.3	△25.9	56.5				△23.6
	均方差	31.3												
	变化系数	211												
前震旦系 碧口群下段 405件	算术平均值	△12.5	△5.8	△1.0		△0.6	391.4	29.1	△27.2	△94.9				△21.8
	均方差	12.5												
	变化系数	100												
广义 碧口群 2036件	算术平均值	△13.5	△5.5			△0.6	△399.1	31.0	△26.4	66.5				△21.7
	均方差	25.3												
	变化系数	187												

时代层系位样品数	参数类型	V	Ti	Mn	Ni	Cr	Co	Bi	B	Zr	Sr	Ga	Be
志留系茂县群 71件	算术平均值	48.0	375.0	788.9	16.8	1008.8	16.1	△1.5			371.1		
	均方差	29.6		677.5	12.7	60.2	11.9	0			393.4		
	变化系数	62		86	76	60	74	0			106		
前震旦系碧口群上中段 1500件	算术平均值	101.31	△5963.5	△1161.2	17.2	51.0	14.2		△31.1	△210.5		△20.1	△3.9
	均方差												
	变化系数												
前震旦系碧口群下段 405件	算术平均值	91.7	△6159.5	△1035.3	16.1	41.8	11.5		△32.5	△166.6		△20.7	△4.1
	均方差												
	变化系数												
广义碧口群 2036件	算术平均值	92.6	△5810.5	△1050.5	16.2	45.5	10.4		△32.1	△193.0		△19.6	△4.0
	均方差												
	变化系数												

注: 1. Au元素为1×10^{-9}，其余元素单位为 g/t。

2. △为丰度值超过地壳克拉克值（泰勒，1964）。

3. 广义碧口群包括前震旦系水晶组、蜈蚣口组、木座组、阴平组。

4. 据参考文献 [1]。

表 1-15　主要岩类微量元素含量统计

岩石类型（样品数）	元素含量（w_B）								
	Au	As	Hg	Sb	Ag	Ba	Cu	Pb	Zn
灰岩（91件）	3.58	△26.4	△0.4	△4.7	△0.09	283.7	39.3	△13.6	△15.8
板岩（58件）	2.5	△29.6	△0.43	△6.0	△0.71	7501.9	93.9	△37.8	△144.8
砂岩（47件）	△6.96	38.2	1.16	4.4	2.45	4313.4	240.6	37.0	△110.4
硅质岩（7件）	0.86	△26.5	0.30	3.3	0.61	△1040.0	75	26	△104.3
千枚岩（10件）	△4.55	8.6	0.09	1.2	0.33	995.0	14.0	△44.5	△72.5
石英岩（3件）	△5.80	17.6	0.23	1.7	0.40	666.7	5.0	△15.0	11.7
基性火山岩（3件）	12.00	△122.2	0.47	1.9	1.3	7630	28.7	△26.2	55
花岗岩（2件）	1.75	△28.5	0.45	180.3	△0.10	650	20	△25	35
花岗斑岩（52件）	6.38	△89.6	0.57	51.1	0.16	△1076.8	61.0	△30.3	75.1
破碎带（30件）	△4.23	57.9	0.25	7.1	0.90	△2195.2	△120.2	△49.3	△128.6
石英脉（2件）	3.00	△10.8	0.14	1.34	△0.40	1675	17.5	40	47.5

岩石类型 (样品数)	元素含量 (w_B)								
	V	Mo	B	Sr	Mn	Cr	Ni	Co	Zr
灰岩 (91件)	17.1	0.5	△26.8	△1085.3	184.1	14.1	8.4	5.4	40.1
板岩 (58件)	△316.9	△15.5	△104.2	△425.2	495.2	△109.8	65	15.3	157.3
砂岩 (47件)	△461.4	△16.7	△133.9	△701.7	501.7	△172.9	35.0	9.4	△184.4
硅质岩 (7件)	△254.3	△41.7	△28.6	52.9	790	88.6	50	7.1	100
千枚岩 (10件)	103.5	0.60	△95.5	△137.0	△1370.0	67.0	60.0	△25.0	151.0
石英岩 (3件)	61.7	0.8	△51.7	△486.7	585.0	58.3	6.7	△2.0	△498.3
基性火山岩 (3件)	△166.2	△2.1	18.8	△590.0	1250.0	△251.3	△216.3	△54.3	228.8
花岗岩 (2件)	87.5	0.55	△90	175	400	35	37.5	31.5	175
花岗斑岩 (52件)	△59.5	△2.3	△149.3	313.4	934.6	37.0	36.5	15.5	117.2
破碎带 (30件)	△245.7	△38.7	△80.3	△341.5	271.8	90.1	71.9	4.5	124.3
石英脉 (2件)	50	1.5	△40	325	900	62.5	17.5	5.5	67.5

注: 1. 表中 Au 元素为 1×10^{-9}，其他元素为 1×10^{-6}。
2. △为丰度值超过地壳克拉克值（泰勒，1964）。
3. 据参考文献 [1]。

表 1-16　四川平武碧口群各类岩石金参数

位置	岩石类型	样品件数	Au 算术平均值 w_B（$\times 10^{-6}$）	均方差	变化系数
黄羊剖面	细碧岩	10	23.5	27.3	116
	次火山岩	10	16.4	24.33	148
	含砾沉凝灰岩	6	3.25	2.17	128
	沉凝灰岩	16	4.77	7.28	152
	千枚岩	13	2.77	3.17	114
	砂岩	16	2.77	3.28	118
桂花桥沟剖面	细碧岩	5	51.16	56.36	110
	次火山岩	10	6.16	3.96	63
	沉凝灰岩	254	13.11		
	白云岩、白云灰岩	22	11.36		
	千枚岩	587	14.17		
	砂岩	79	10.38		

据参考文献 [1]。

（1）碧口群中，由正常沉积岩→火山碎屑岩→次火山岩→基性熔岩，金的含量依次增高。变化系数一般均大于100。说明在成岩过程中，Au 在活动和迁移。在其他地层中，以孔隙度最大的砂岩 Au 含量最高。硅质岩 Au 含量最低。Au 含量多数比泰勒提供的大陆陆壳平均值（1.8×10^{-9}）高（1985 年）。

（2）As、Sb、Hg、Ag、Tl、Ba 等低温元素和 B、Pb 都比克拉克值高，贱金属含量变化规律不明显。铁族元素除基性火山岩含量全高外，其余多数比克拉克值低。

四、地球化学异常特征

研究区内分散流异常数十处。从异常分布的角度来看，具有明显的规律。它们通常沿地层或构造单元的界线（往往是构造窗边界）呈线状分布。在这个前提下又集中出现在次级断裂破碎带、不整合或假整合的界面，以及构造单元内的脆、韧性剪切带上。

第二章 构 造

第一节 大地构造环境和区域构造演化

一、大地构造环境

四川南坪至甘肃文县位于摩天岭北，属于秦岭褶皱系、扬子准地台、松潘-甘孜褶皱系，三个 I 级构造单元结合部。详见图 2-1。按抽拉构造理论，南坪-文县一带位于西秦岭-松潘构造岩块拼接叠体带。

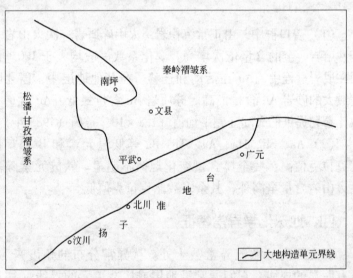

图 2-1 南坪-文县大地构造位置简图

二、区域构造演化

（1）前印支阶段。时限为(850 ± 50) Ma $\sim (258 \pm 10)$ Ma。

晋宁期以前，为扬子准地台基底形成期。晋宁期褶皱基底形成，伴有以基性为主的火山喷发。震旦纪时，摩天岭地背斜属扬子地台范围，为稳定的发展期，沉积了台地相碳酸盐建造。加里东运动后，活动性增强，出现了地壳的裂、合过程。

（2）印支阶段。时限为（258±10）Ma～（190±10）Ma。在地台区，出现龙门山～大巴山台缘坳陷，沉积了厚5000m的三叠系地层。印支运动，区域内分为三幕：

第一幕发生在早、中三叠世之间，其截合面多出现在地背斜及其边缘，造成中三叠统与上古生界的不整合或超覆不整合，降札地背斜和摩天岭地背斜依次向台区推覆。第二幕发生在中、晚三叠纪之间，属于一种差异振荡运动。涉及面广，强度不大。本区则发生陆间裂谷，基性熔岩喷溢，接受滑塌堆积。第三幕发生于晚三叠纪与早侏罗纪之间。

在地槽区，是构造发展最活跃的时期。沿玛曲-荷叶断裂出现陆间裂谷，伴有红海型拉斑玄武岩喷溢。裂谷闭合后，有复理石建造和海底斜坡堆积建造形成（杂谷脑组）。

印支运动后期，结束了海相沉积史。

（3）燕山、喜山阶段，时限为190Ma至今。

燕山期扬子地台台褶带形成，龙门山推覆体向地台推覆。同时，摩天岭推覆体也由西秦岭向南推覆，此时伴有混熔型花岗岩的侵位。

喜山期，以发生台区边缘的推覆作用为特征。这时，印度板块与欧亚板块碰撞缝合，南特提斯海封闭，陆内走滑断块自北西向东南推挤，形成陆内汇聚。早第三纪末，青藏高原整体隆升，本区为高原的一部分。随后高原东部解体，遭受剥蚀，在摩天岭周边，形成规模巨大的构造窗。

抽拉构造理论认为，碧口群是侏罗纪以后，从深部抽拉—逆冲出地表的构造岩片。它们在地壳的深部由西向东抽拉—逆冲推覆到中生代或晚古生代沉积盆地形成的地层上面，而形成（陆内）造山带。

秦岭造山带存在三种构造（蛇绿）混杂岩带：

（1）勉略带，为倾角近于直立的构造混杂岩带。

（2）摩天岭地块西缘，为倾角近于水平或缓倾角的构造混杂岩带。

（3）一套地层推覆或滑脱到另一套，与它组成结构、时代不同的地层之上，然后再发生构造作用，从而产生新的混杂现象，如西秦岭的三河口群。

抽拉构造理论认为，秦岭造山带的形成与演化，不是华北板块与扬子板块相互俯冲、挤压、碰撞、对接的结果。而是在地球自转速度变化控制下的多层扭动涡旋甩出说——核幔壳"台风"作为中国大地构造形成、发展与演化的动力学理论。

第二节　区域构造格局和构造形式

一、区域构造格局

区域玛曲-荷叶断裂以北，为一系列北西向的线性构造，如松柏-梨坪、洋布断裂。

区域中部，即玛曲-荷叶断裂以南，雪山和古城断裂以北，由近东西向断裂和摩天岭地背斜构成的推覆构造带组成。所谓推覆构造带，包括其前、后缘及带内的若干冲断层，包括其间所夹持的冲断席体。冲断裂带内，线性构造格局因地而异，自北往南，由北西向逐渐转为近东西走向（如雪山断裂和古城断裂）。松柏-梨坪断裂和玛曲-荷叶断裂向东延至甘肃文县，形成向南凸出的弧形断裂，再向东延至阳山，这两条断裂走向转为北东向。

印支褶皱期后形成，又经喜山期引张断裂的两条南北向的岷江、虎牙断裂，与雪山、古城断裂，联合划定摩天岭推覆体的西部和南部边界构造。

二、构造形式

本区构造形式具有陆内汇聚的作用特征，具体表现为构造窗、断裂和褶皱构造三种形式。

（一）构造窗

南坪构造窗北界为洋布断裂，为一条自北向南滑移的断裂，在洋布扎嘎纳，见中上石炭统（C_{2+3}）逆掩在三叠系（Tb_2）之上。东界位于甘肃省，交于松柏-梨坪断层。南界为荷叶断层，是一条逆冲断层。

（二）断裂构造及剪切带

1. 断裂构造

断裂构造由三种类型组成：一是由北向南、由槽区向台区逆冲的推覆构造；二是弧形断裂构造；三是由不同时期、不同性质断裂组成的锯齿状构造。

具有代表性的推覆断裂，由北而南是：洋布断裂、玛曲-荷叶断裂，雪山断裂、古城断裂、南坝断裂。由于它们的逆冲剪切作用，依次形成了洋布、摩天岭、龙门山推覆构造带。

东西向雪山、古城断裂系青川大断裂带最西的一部分，为摩天岭推覆体的前缘断层。在其推覆过程中，掩盖了早先形成的南北向岷江、虎牙断裂。至早第三纪末，随着青藏高原的整体隆升，岷江、虎牙断裂发生块断型陆内山间断陷，并产生顺时针扭动，使雪山断裂和古城断裂被错开。同时切穿上覆的摩天岭外来推覆岩片及其滑移剪切面，于槽谷内堆积了由外来岩片和三叠系剥蚀碎屑组成的下第三系红色砾岩类磨拉石建造。随后，高原东部解体，高原沿岷江、虎牙断裂呈阶梯状向东逐级迅速降落，引起长江水系向西溯源侵蚀，黄河水系被其次第袭夺，导致山体剥蚀削夷，结果使摩天岭推覆岩片在岷江断裂以西，相对抬升而被剥蚀。

摩天岭推覆体以北的松柏-梨坪断裂和玛曲-荷叶断裂，向东延至甘肃文县，形成向南凸出的弧形断裂，再向东延至阳山，这两条断裂走向转为北东向。

岷江褶皱轴部和翼部的纵断裂为南北向的岷江断裂和虎牙断裂，它们与东西向的雪山断裂和古城断裂相互连接，而形成锯齿状构造。

以上各主要大断裂的基本特征见表2-1和图2-2。

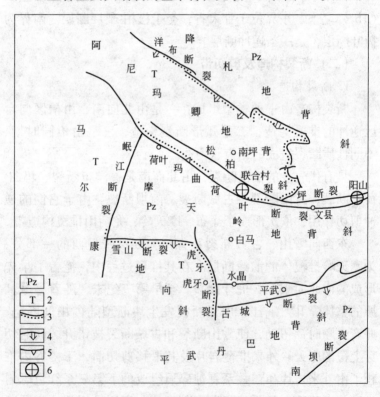

图2-2 南坪-文县地区构造地质简图

1—古生界；2—三叠系；3—构造窗界限；4—推覆体前缘；5—推覆体后缘；6—金矿床

表 2-1 南坪-文县地区区域大断裂基本特征

名称	力学性质	产状			长度/km	破碎带宽度特征/m	简要描述
		走向	倾向	倾角			
松柏-梨坪断裂	压扭性	西段NW向东段NE向近似南凸的弧形	西段SW倾，东段NW倾	50°~71°	>200	50~300m角砾岩化、糜棱岩化、炭化、泥化等	断裂两侧主要出露泥盆系、石炭系、二叠系、三叠系地层，沿断裂带局部出露酸性（花岗斑岩）和基性岩脉，其形成于华力西两期，西段印支期仍继续活动延伸。近代，在梨坪一带见有地震活动
玛曲-荷叶断裂	先张性、后压性	西段NW向任文县，向南凸出，向西呈弧形至阳山NE向	西段NE倾，东段SW倾	45°~80°	>300	挤压透镜体、角砾岩、断层泥	为摩天岭地背斜与阿尼玛卿地背斜的分界断裂，其两侧主要出露泥盆、二叠、三叠地层，沿断裂带于扎尕山群断续出现基性火山岩。断裂形成印支早期，其力学性质随其西槽发展而变化，地槽早期表现为裂谷式拉张断陷，使其具张性，地槽返回期，因挤压逆冲，则表现为压扭性
白马弧形断裂	压扭性	东段呈"S"形总北东展布，西段NW向	东段N或NW倾，西段倾向不明	陡倾	55	1~5m，扭曲明显，具炭化、泥化	东由加里东期形成的白马-贾昌断裂，西由华力西期形成的色纳路-白河沟、竹根卡-松潘沟断裂组成。断裂两侧出露震旦系碧口群及古生界泥盆、石炭系地层，沿断裂带、沿断裂处中性、基性各类岩浆发育。因岩脉多在印支期形成，故断裂在印支期仍继续活动

名称	力学性质	产状			长度/km	破碎带宽度特征/m	简要描述
		走向	倾向	倾角			
北川-映秀断裂（南坝断裂）	压性为主兼具扭性	48°	NW	上缓下陡 地表20°~50°,深部60°~70°	400	发育透入性片理化带，糜棱岩带，塑性柔变带，流变带	为龙门山推覆构造带主中央断裂，也是扬子准地台与平武丹巴地背斜的分界断裂，断裂面呈波状弯曲，并有叠置的推覆岩片，夹于其间，经燕山期至喜山期定型
玛沁-略阳断裂（洋布断裂）	压扭性	NW	NE		数100	见角砾岩，糜棱岩化	为秦岭地槽褶皱系与巴颜喀拉—甘孜印支褶皱系分界断裂，只有一小段出露本区西北角，在本区为阿尼玛卿地背斜与降札木系断裂，断层北侧主要为石炭系地层，而南侧主要为三叠系地层。形成于印支期
青川断裂（古城断裂）	先压扭后引张	近EW	N	槽谷底部60°~80° 构造高位30°	150	强烈的劈理、片理，糜棱岩化叠加脆性构造角砾岩	为摩天岭地背斜与平武—丹巴地背斜的分界断裂，也是摩天岭推覆体的前缘断裂，断裂西段两侧出露志留系地层，泥盆系变质岩带（青川北水街），沿断裂带见蓝闪石相低温高压变质带，并断续出露花岗岩类侵入岩。形成于印支期

续表 2-1

名称	力学性质	产状 走向	产状 倾向	产状 倾角	长度/km	破碎带宽度特征/m	简要描述
岷江断裂	先压扭性，后转为张性	近SN	E	>60°	90	数200m，角砾岩、糜棱岩、扭褶	与雪山断裂、虎牙断裂、古城断裂组成锯齿状断裂带，为摩天岭地背斜与巴颜喀拉拉冒地槽的分界线。东面属西秦岭地层分区摩天岭小区，出露志留—二叠纪各时代地层，西面属马尔康地层分区金川小区，出露地层以三叠系为主，岩相、建造差异明显。其形成时期为印支期，到第三纪断陷引张定型，至今仍有活动
雪山断裂	压扭性	近EW	西段N倾 东段S倾	西段30°~70°，东段60°~75°	56	5~100m碎裂岩大型挤压透镜体	为摩天岭推覆体前缘断裂，也是两个不同构造单元和地层区的划界断裂，其北面属西秦岭地层分区摩天岭小区，南面属马尔康地层分区金川小区，断裂两侧地层出露情况与岷江断裂类似。形成于印支期
虎牙断裂	先压扭，后引张	0°~350°	NE	65°	60	构造岩牵引现象	为摩天岭地背斜与巴颜喀拉冒地槽的分界断裂，也是两个构造单元、不同岩相建造的拼接线。沿断裂有燕山期小型酸性岩体侵入。形成于印支期，第三纪继续活动，引张断陷定型，至今仍有活动

· 37 ·

2. 剪切带

区域性剪切带常出现在推覆构造前缘。有摩天岭地体边缘的联合村剪切带，摩天岭地体中的甲勿池剪切带等。一般均有脆—韧性双层结构。

联合村与甲勿池剪切带属次级剪切带，长5～11km，宽200～500m，都属脆性剪切。这两个剪切带控制了印支晚期酸性岩体和岩脉的侵位，控制了类卡林型金矿的成矿作用。

（三）褶皱构造

（1）褶皱构造的特征。本区褶皱构造均呈线形分布在地背斜或地向斜内，平行于区域Ⅰ、Ⅱ级构造。推覆体前缘或后缘断裂附近的背、向斜常出现同斜倒转，背斜轴部常被岩浆岩侵位。从北至南有草坝背斜、南坪复向斜、九寨沟背斜、黄土梁背斜、木皮倒转背斜、轿子顶倒转背斜。褶皱走向则由NW→EW→NE向过渡。西北部香腊台，复式背斜呈南北向，出露于岷江断裂带内。

（2）褶皱构造分述。草坝背斜，见于洋布断裂以南，走向NW，倾角中等，对称性好，区内出露约43km。轴部为二叠系，两翼为三叠系。

南坪复向斜，见于松柏-梨坪断裂和草坝背斜之间。走向北西，陡倾。出露长约90km。轴部为上三叠统杂谷脑组，两翼为中三叠统扎尕山群。

九寨沟背斜，见于九寨沟附近，走向NW，向北陡倾。出露长约25km。核部为二叠系，两翼为三叠系。

黄土梁背斜，位于荷叶断裂与白马弧形断裂之间，走向自NW转为EW。倾角极陡，局部向北倒转。轴部为下泥盆统石坊组，两翼为中、上泥盆统。

木皮倒转背斜，位于平武县域以北，走向EW，向南倒转陡倾，长约50km，系复式背斜，西部被虎牙断裂断失。轴部为元古界碧口群，两翼为震旦系及早古生界。轴部有印支早期岩浆岩侵位。

轿子顶倒转背斜，位于研究区东南隅，走向 NE，向 NW 倒转陡倾，长约 5km。东部为轿子顶穹隆，中西部平缓。

香腊台复式背斜，见于岷江断裂带北部，该背斜向南延伸至垮石崖。走向 SN，倾角中等，区内延长约 30km。轴部为中、下三叠统，翼部为上三叠统。

该区构造活动极其强烈，应力方向十分复杂。二级构造边界断裂（常为构造窗边界），控制了类卡林型金矿床的分布。脆性剪切带和次级压扭性或层间断裂破碎带，控制了矿体的就位。详见图 2-2 南坪-文县地区构造地质简图。

第三章　类卡林型金矿床的矿床地质

第一节　类卡林型金矿床的分布

联合村类卡林型金矿床分布于南坪构造窗边缘断裂控制的松柏-梨坪断裂破碎带和剪切带内。西段走向 NW，东段转为 NE；西段倾向 SW，东段倾向 NW；倾角为 50°～70°。本区断裂构造，由北而南，以逆冲推覆构造和不同时期、不同性质断裂组成的锯齿状构造和文县弧形断裂为特征。区域性剪切带常出现在推覆构造前缘。

印支晚期岩浆岩均呈脉状侵位于断裂破碎带、层间裂隙及脆性剪切带内。岩脉走向常与构造走向或岩层走向一致，岩石以花岗斑岩为主。受燕山期构造影响，发生脆性剪切的印支晚期岩脉或岩脉群，为本区类卡林型金矿的主要容矿岩石，详见图 2-2 和图 3-1。花岗斑岩 Rb-Sr 等时线年龄为 199.28Ma。

沿文县弧形断裂，联合村金矿床东 40km，赋存了阳山类卡林型金矿。文县弧形断裂构造由一系列近于平行的断裂构成。阳山类卡林型金矿位于其中的安昌河—观音坝断裂中，该断裂走向 NEE，倾向 NNW，倾角 50°～70°。断裂带内褶皱较发育，而且褶皱翼部有一列次级层间剪切或断裂发育，其产状与地层产状一致，金矿体主要赋存在上述次级层间剪切带或断裂中。发生了脆性剪切的印支晚期花岗斑岩，控制了岩体中或其接触带中的类卡林型金矿体的分布。阳山金矿的斜长花岗斑岩的 K-Ar 年龄为 171～205Ma（5 件样品），含金石英脉的 $^{39}Ar \sim {}^{40}Ar$ 年龄为 (195.40±1.05)Ma，见图 3-2。

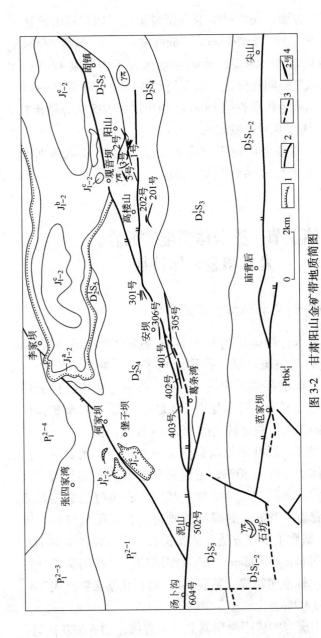

图 3-2　甘肃阳山金矿带地质简图

（据参考文献 [4]）

J_{1-2}^c、J_{1-2}^b、J_{1-2}^a——中、下侏罗统；P_1^{2-4}、P_1^{2-3}、P_1^{2-1}——下二叠统；$D_2^1S_5$、$D_2^1S_4$、$D_2^1S_3$、$D_2^1S_{1-2}$——中泥盆统三河口组第四、第三、第二、第一岩性段；$Ptbk_1^1$——元古宇碧口群；$\gamma\pi$——斜长花岗斑岩；1——不整合面；2——断层；3——推测不整合面；4——金矿体及编号

行政区划方面，联合村类卡林型金矿位于四川省南坪县，距南（坪）文（县）公路6km，最低海拔1500m，最高2900m。中高山深切割地形，为多民族杂居地区，年均气温12.7℃，高山及山原区气温明显降低，甚至终年积雪，年降雨589mm。联合村类卡林型金矿系根据1986年四川冶金605队分散流扫面Au、As、Hg、B异常发现的。

阳山类卡林型金矿位于甘肃省文县，1997年武警黄金第十二支队在进行水系沉积物测量时，发现了阳山类卡林型金矿。

第二节 类卡林型金矿的容矿岩石和金矿体特征

一、联合村类卡林型金矿床

联合村类卡林型金矿的容矿岩石为碎裂的花岗斑岩脉。构成金矿石的花岗斑岩脉，碎裂结构发育，见附录照片3。花岗斑岩脉分布于石炭系中统（C_2），灰白色灰岩、白云质灰岩及薄层白云岩中。可参见图3-3联合村Ⅲ-4号金矿体深部连接图，图3-4为联合村金矿TC28-4探槽剖面。

花岗斑岩脉，新鲜面为灰白色，风化面为浅褐黄色。全晶质，斑晶体积分数为10%，主要成分是β石英和长石，石英斑晶为粒状、浑圆状、港湾状。基质与石英斑晶的接触部位，基质发育宽0.08mm的霏细硅质边。石英斑晶粒径一般为1.76mm。基质主要成分是石英和长石，石英粒径0.04mm，长石粒径0.08mm×0.02mm，呈微细结构。岩石化学成分见表3-1，CIPW标准矿物成分见表3-2，岩石化学参数见表3-3。有机碳含量0.09%。

本区花岗斑岩的成因类型属B. W. 查佩尔的S型花岗岩。

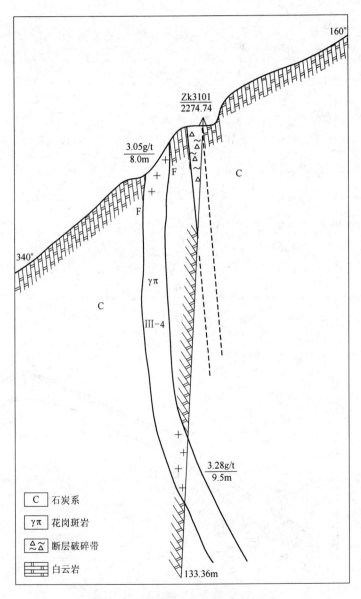

图 3-3　联合村Ⅲ-4 号金矿体深部连接

（据原冶金部西南地勘局 602 队）

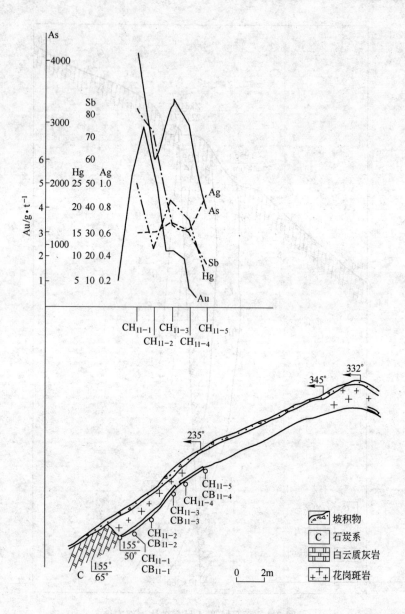

图 3-4 联合村金矿 TC28-4 探槽剖面

表 3-1 岩石化学成分

（质量分数/%）

矿区	样品编号	样品名称	SiO2	Al2O3	TiO2	CaO	MgO	Fe2O3	FeO	P2O5	MnO	K2O	Na2O	H2O+	CO2	总和
联合村	CH24-2	花岗斑岩	68.70	14.46	0.26	4.03	0.60	1.54	0.46	0.14	0.04	2.82	0.06	3.13	3.28	99.52
	CH11-1	花岗斑岩	70.56	15.40	0.42	0.70	0.37	3.56	0.24	0.42	0.05	1.32	0.01	5.23	0.62	98.9
	CH16-1	石英斑岩	77.91	13.25	0.12	0.83	0.18	0.52	0.33	0.08	0.01	0.70	0.01	4.25	0.82	99.01

据参考文献[1]。

表 3-2 CIPW 标准矿物的质量分数

矿区	样品编号	样品名称	ap 磷灰石	hy 紫苏辉石	cc 方解石	ab 钠长石	ee 斜顶辉石	cm 刚玉
联合村	CH24-2	花岗斑岩	0.317	2.598	7.719	0.525	1.542	11.717
	CH11-1	花岗斑岩	0.98	3.33	1.50	0.09	0.98	14.86
	CH16-1	石英斑岩	0.18	0.93	1.96	0.089	0.47	13.14

矿区	样品编号	样品名称	cr 铬铁矿	ff 斜铁辉石	gg 石英	il 钛铁矿	mt 磁铁矿	or 正长石
联合村	CH24-2	花岗斑岩	0	1.06	58.12	0.51	1.22	17.27
	CH11-1	花岗斑岩	0	2.35	67.90	0.85	2.19	8.31
	CH16-1	石英斑岩	0	0.46	78.57	0.24	0.53	4.36

表 3-3　岩石化学参数

矿区	样品名称	样品编号	分异指数 DI	火山岩分类(K₂O+Na₂O)-SiO₂	Fe-Mg-AIK图解	扎瓦里茨基法计算法	碱度指数 A.R	拉森指数 LI	长英指数 FL	铁镁指数 MF	固结指数 SI	组合指数判别 σ	S型或I型判别 Al₂O₃/(K₂O+Na₂O+CaO)	氧化率 Fe³⁺/(Fe³⁺+Fe²⁺)
联合村	花岗斑岩	CH24-2	74.42	亚碱性岩系	钙碱性岩系	铝过饱和	1.013	19.2	41.68	76.92	10.95	太平洋型 0.32	S型 1.38	60
	花岗斑岩	CH11-1	74.04	亚碱性岩系	钙碱性岩系	铝过饱和	1.002	20.28	65.52	91.13	6.73	太平洋型 0.06	S型 5.81	84
	石英斑岩	CH16-1	80.32	亚碱性岩系	钙碱性岩系	铝过饱和	1.003	24.85	46.1	82.52	10.35	太平洋型 0.01	S型 5.91	42

表 3-4　花岗斑岩稀土元素丰度与标准化值 $w_B/g \cdot t^{-1}$

编号	时代	产地	La A	La S	Ce A	Ce S	Pr A	Pr S	Nd A	Nd S	Sm A	Sm S	Eu A	Eu S	Gd A	Gd S	Tb A	Tb S
CH16-1	印支	联合村	6.50	20.31	11.00	11.70	0.95	7.92	7.30	12.70	1.20	6.00	0.21	2.88	0.62	2.00	0.34	6.80
CH11-1	晚期	联合村	21.00	65.63	42.00	44.86	3.80	31.67	16.00	26.67	2.50	12.50	0.73	10.00	2.20	7.10	0.62	12.40

编号	时代	产地	Dy A	Dy S	Ho A	Ho S	Er A	Er S	Tm A	Tm S	Yb A	Yb S	Lu A	Lu S	Y A	Y S
CH16-1	印支	联合村	0.61	1.97	0.15	2.05	0.32		0.18	1.52	0.41	1.20	0.08	2.58	3.40	1.71
CH11-1	晚期	联合村	1.90	6.13	0.42	5.75	0.95		0.40	4.52	1.20	6.32	0.19	6.13	10.00	5.10

注：A—样品稀土元素测定值；S—（样品稀土元素测定值/球粒陨石）标准化值。据参考文献[1]。

主要特征为：

（1）岩石中平均 K_2O 含量为 2.5%，平均 Na_2O 含量为 0.05%，$n(K_2O)/n(Na_2O) = 50$，为钙碱性岩系，铝过饱和。

（2）岩石中 ANKC（$n(Al_2O_3)/n(K_2O + Na_2O + CaO)$ 物质的量）均大于 1.1。判别为 S 型花岗岩。

（3）CIPW 标准矿物刚玉含量为 11.717% ~ 14.86%。

（4）花岗斑岩中含有"陆壳"稳定矿物，淡粉色的锰铝石榴石。

（5）Rb/Sr 比值平均为 0.1620。

（6）平均含量 Ni 为 18.78×10^{-6}、Co 为 3×10^{-6}、Cr 为 21.78×10^{-6}。

（7）稀土总量 ΣREE 为 89.24×10^{-6}，轻稀土总量为 $\Sigma LREE$ 为 75.66×10^{-6}，重稀土总量为 $\Sigma HREE$ 为 13.58×10^{-6}，$\Sigma LREE/\Sigma HREE$ 为 6.44，$EU/EU^* = 0.79$。呈现微弱的铕负异常。图 3-5 为岩石稀土组成模式。

（8）$^{87}Sr/^{86}Sr = 0.7096$。

（9）铁镁指数 MF 为 76.92 ~ 91.13。

（10）分异指数为 74.04 ~ 74.43。

（11）固结指数 SI 为 6.73 ~ 10.95，而幔源型岩浆岩 SI 大于 40。

花岗斑岩全岩 Rb-Sr 等时线年龄为 199.28Ma，相关系数为 0.983。

联合村类卡林型金矿共发现大于品位（w_{Au}）1g/t 的金矿体 25 条。

Ⅲ号矿带产于花岗斑岩脉中及内外接触带，共有金矿体 19 个，长 2000m，宽 600 ~ 1000m。在 30 线以西，矿体 N 倾，倾角 70°；30 线以东，矿体 S 倾或 N 倾，倾角 70°。矿体长 100 ~ 350m，厚 1 ~ 11.4m，最高金品位（w_{Au}）为 11.58g/t。

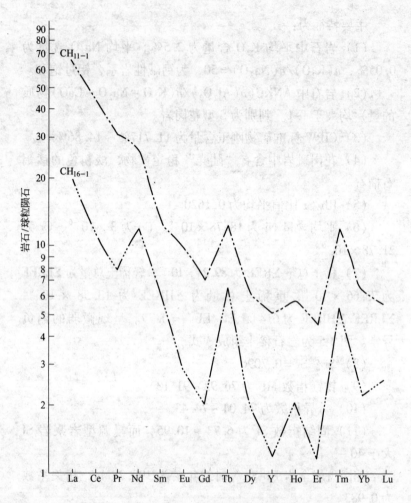

图 3-5　花岗斑岩的稀土组成模式

钻探证实，孔深 103.68m 处，金品位增高，详见图 3-3。

联合村 Ⅱ-1 号金矿体，分布在对肠沟断层以北 20～80m 的硅质构造角砾岩破碎带中，容矿岩石为中泥盆统硅质岩、白云质灰岩、变细砂岩和花岗斑岩。矿体走向 283°～288°，倾向 NNE，倾角 45°～75°。金品位（w_{Au}）为 3～8.33g/t。

二、阳山类卡林型金矿床

阳山类卡林型金矿床，东起固镇，西至堡子坝，全长12km，分为4个矿段，即阳山、高楼山、安坝、葛条湾矿段。2007年9月15日，新华网报道，武警黄金十二支队，先后发现含金矿脉96条，累计探获黄金资源量308t。按国际分类标准，提交岩金普查报告。其中规模最大的305号、314号均位于安坝矿段。305号脉位于安坝背斜南翼的破碎带中，由碎裂岩化、黄铁矿化千枚岩和斜长花岗岩组成，矿脉在平面上为舒缓波状，在剖面上为脉状，总体走向NEE，倾向NNW，倾角45°～70°，圈出一条矿体，长1800m，控制斜深440m，平均厚度5.58m，平均品位（w_{Au}）为7.06g/t，计算金资源量56133kg。314号脉平行于305号脉，并位于其上盘，也圈定一条矿体，长100m，控制斜深330m，平均厚度5.61m，平均金品位（w_{Au}）为5.52g/t，计算金源量为27570kg。

至2007年，阳山类卡林型金矿已经探明黄金资源量308t。

第三节 类卡林型金矿的矿石特征

一、矿石矿物学

（一）联合村类卡林型金矿

容矿岩石为S型花岗斑岩的金矿石，为主要矿石类型。组成矿石的金属和非金属矿物25种，常见金属矿物是黄铁矿、辉锑矿和毒砂。而脉石矿物主要是石英、斜长石、菱铁矿、方解石、白云母和绢云母，详见表3-5矿石矿物组成。

表 3-5　矿石矿物组成

类别	矿物名称		
	主要	次要	少见
硫化物	黄铁矿、辉锑矿	磁黄铁矿、毒砂、辰砂、雄黄、斑铜矿	
氧化物	石英、褐铁矿	磁铁矿、赤铜矿	
硅酸盐	斜长石、白云母、绢云母	高岭土	锰铝石榴石、绿帘石、锆石、磷灰石
碳酸盐	菱铁矿、方解石		
硫酸盐	重晶石、硬石膏	黄钾铁矾	
氟化物			萤石

主要矿石矿物分述如下。

1. 黄铁矿

黄铁矿是矿石中常见的金属硫化物，其含量为 1% ~ 2%。本矿床中的黄铁矿成因类型为热液型黄铁矿，按共生关系划分为两个世代。

第一世代黄铁矿

（1）呈浸染状分布于花岗斑岩中，一般粒径 0.004 ~ 0.2mm，晶形发育特别好。0.246mm（60 目）粒径的黄铁矿，立方体单形占 48%，立方体与五角十二面体的聚形占 32%，具有完好晶形的黄铁矿占总数的 80%。粒径逐渐变小，完好晶形的黄铁矿所占比例逐渐降低，-0.074mm（-200 目）粒度时，完好晶形的黄铁矿占总数的 60%，详见表 3-6。

（2）联合村金矿的黄铁矿化学分析结果，金的质量分数为 11.7g/t，分析数据见表 3-7。

某些点上，电子探针分析结果，金品位（w_{Au}）为（1300 ~ 1600）× 10^{-6}。联合村金矿的黄铁矿不含砷和银，但锑和硒含量高。

表 3-6　不同粒径和晶形的黄铁矿含量

样　号	粒径/mm	晶形的含量（质量分数）/%			
		立方形单体	立方体与五角十二面体的聚形	五角十二面体单形	他形
JH1-3	0.246（60目）	48	32	少量	20
	0.175（80目）	15	55	少量	30
	0.147（100目）	20	50	少量	30
	0.104（150目）	40	30	5	25
	0.074（200目）	30	30	少量	40
	-0.074（-200目）	30	30	少量	40

表 3-7　联合村类卡林型金矿中，黄铁矿单矿物化学成分

样品编号	矿物名称	$w(S)$/%	$w(Fe)$/%	$w_B/g \cdot t^{-1}$				S/Fe	备　注
				Au	Ag	Sb	Se		
CB14A-1	黄铁矿	54.46	46.10	1600	0	800	1400	1.18	电子探针分析
Z-1	黄铁矿			11.7					化学分析
黄铁矿理论值		53.45	46.55					1.15	

第二世代黄铁矿

为产于辉锑矿石英脉中的少量黄铁矿，呈他形粒状、立方体至半自形粒状，粒径 0.12～0.24mm。电子探针分析结果，含金 0.81%，含铂 0.52%。

2. 辉锑矿

在联合村金矿，辉锑矿产于晚期阶段的辉锑矿脉中。辉锑矿呈灰白色，强非均质，他形粒状、片状，充填于石英裂隙中。晶体受力后，发生破碎和拉长，双晶呈弯曲状。辉锑矿化学成分见表 3-8。

本区辉锑矿的反射率较正常辉锑矿的反射率偏低（表 3-9）。

表 3-8　辉锑矿电子探针分析结果

样 号	$w_B/\%$								
	S	Fe	As	Sb	Ag	Au	Pt	Tl	总和
PD_0-2	28.47	0.05	0.01	69	0.30	1.13	0.0	0.74	100.01
PD_0-1	27.82	0.0	0.15	71.47	0.08	0.0	0.03	0.46	100.01
平均值	28.15	0.025	0.08	70.38	0.19	0.57	0.015	0.60	100.01
辉锑矿理论值	28.6			71.4					

表 3-9　辉锑矿单色光下的反射率

矿物名称	反射率/%			
	480nm	546nm	591nm	654nm
本区辉锑矿	39.4~46.43	38.0~43.55	36.4~40.95	34.8~38.58
一般辉锑矿	470nm	546nm	589nm	650nm
	42.5~50.4	40.9~46.8	39.6~44.3	39.6~41.3

本区辉锑矿显微刻痕硬度 VHN_{50} 为 114.47kg/mm^2。

3. 毒砂

在距地表 40m 的平硐中采集的样品,人工重砂分析见少量毒砂矿物。晶形呈柱状、粒状,平行 C 轴具条纹,银白色,金属光泽,性脆,条痕为灰黑色。

4. 雄黄

在距地表 40m 的平硐中采集的样品,人工重砂分析中发现少量雄黄矿物。晶形为粒状,油脂光泽,橙红色,条痕为橙红色。

5. 石英

本区类卡林型金矿石中,石英是主要的脉石矿物,可划分为四个世代。

第一世代为 β 石英,是花岗斑岩的斑晶,晶形浑圆状,卵圆形。晶体边部见熔蚀现象,发育港湾结构,碎裂现象常见,方解石脉沿裂隙贯入。某些裂隙中分布胶体吸附金。电子探针分析结果见表3-10。石英单矿物化学分析结果,含金 0.41×10^{-6}。

表3-10　石英电子探针分析结果

矿 区	样品编号	$w_B/\%$				$w_B/g \cdot t^{-1}$	
		SiO_2	Al_2O_3	Na_2O	K_2O	Au	Ag
联合村	CB11-1	99.41	0.93	0.03	0.92	0	0
甲勿池	JB25-1-1	99.72	0.37	0.14	0.01	300	0

第二世代的石英,为花岗斑岩基质中的石英,他形粒状,粒径0.04mm。

第三世代的石英,为碎裂花岗斑岩中,沿裂隙充填的霏细状硅质。

第四世代的石英,为晚期热液阶段产物,辉锑矿石英脉中的石英,白色,晶体粗大。

6. 菱铁矿

菱铁矿为主期热液阶段的产物,呈粒状晶体,偶见菱面体晶形,颗粒边缘常析出褐铁矿。菱铁矿主要交代斜长石,并且见菱铁矿细脉。电子探针分析结果见表3-11。电子探针分析,见金率60%,某些点上,金品位(w_{Au})为200~400g/t。电子探针分析见银率20%,某点上,银品位(w_{Ag})为400g/t。

表3-11　菱铁矿电子探针分析结果

矿 区	样品编号	$w_B/\%$					$w_B/g \cdot t^{-1}$	
		MgO	MnO	CaO	CO_2	FeO	Au	Ag
甲勿池	JB25-1-1	0.79	0.82	2.03	37.33	59.56	—	—
	JB25-1-2	0.12	0.08	0.42	—	69.52	400	—
联合村	CB22-1-2	0.23	0.02	2.08	33.13	64.53	0	0
	CB22-1-2	0.52	0.03	2.33	—	65.16	400	0
	CB22-1-2	0.48	0.03	0.63	—	68.55	0	0
	CB22-1-2	0.53	0.03	3.42	32.52	63.27	200	400
菱铁矿理论值					37.9	62.1		

7. 方解石

方解石为晚期热液阶段的产物，主要呈团块状或脉状分布，电子探针分析结果见表 3-12。电子探针分析见金率为 75%。某些点上，金品位（w_{Au}）为 200～3600g/t。电子探针分析见银率为 50%。某点上，银品位（w_{Ag}）为 100g/t。

表 3-12　方解石电子探针分析结果

| 矿 区 | 样品编号 | $w_B/\%$ | | | | | $w_B/g \cdot t^{-1}$ | |
		CaO	CO_2	MgO	FeO	MnO	Au	Ag
甲勿池	JB25-1-1	54.89	—	0.87	4.08	0.04	3600	0
	JB25-1-1	54.85	42.95	0.77	1.37	0.05	0	0
联合村	CB22-1-2	57.15	—	0.38	0.65	0.03	200	100
	CB22-1-2	49.88	47.55	0.63	1.74	0.02	600	100
方解石理论值		56.00	44.00					

碳酸盐单矿物（包含菱铁矿和方解石），化学分析结果，金品位（w_{Au}）为 1.14g/t。

8. 绢云母

绢云母形成于主期热液阶段，主要交代斜长石，呈鳞片状，主要化学成分见表 3-13。电子探针分析见金率 40%。沿绢云母鳞片间，某些点上，金品位（w_{Au}）为 1400～4800g/t。电子探针分析见银率 40%。沿绢云母鳞片间，某些点上，银品位（w_{Ag}）为 100～700g/t。绢云母（含白云母）单矿物化学分析结果，含金（w_{Au}）为 0.42g/t。

9. 重晶石

重晶石是沿（001）发育的板状或沿（010）伸长的柱状晶体，硬度小于摩氏硬度 3，性脆，白色，毛玻璃状，密度大于 4，折光率 N_g 为 1.647～1.649，见附录照片 4。

表 3-13 绢云母电子探针分析结果

矿 区	样品编号	$w_B/\%$				$w_B/g \cdot t^{-1}$	
		SiO_2	Al_2O_3	Na_2O	K_2O	Au	Ag
甲勿池	JB25-1-1	48.46	34.61	0.09	10.14	0.0	0.0
	JB25-1-1	48.61	35.46	0.08	9.82	0.0	0.0
联合村	CB11-1	50.52	36.01	0.01	7.63	4800	0.0
	CB11-1	50.00	31.02	0.07	7.26	1400	0.0
	CB11-1	49.71	34.52	0.06	4.60	0.0	100
绢云母理论值		45.2	38.5		11.8		

10. 锰铝石榴石

锰铝石榴石为淡粉红色，不具晶形，呈块状，粒状，正交偏光下全消光，折光率高。

（二）阳山类卡林型金矿床

矿石中金属矿物种类较多，有自然金、银金矿、毒砂、黄铁矿、辉锑矿，其次有钛铁矿、钒钛磁铁矿、磁铁矿、磁黄铁矿、闪锌矿、方铅矿、白铁矿、硫锑铅矿、软锰矿、硬锰矿、褐铁矿等。其中主要为细粒（粒径小于 2mm）的黄铁矿和毒砂，并且毒砂含量略高于黄铁矿。

矿石中金矿物以自然金为主，其次为银金矿。

矿石中主要非金属矿物有石英、绢云母、方解石、白云石、长石，次为高岭土、绿泥石、叶蜡石、绿帘石、重晶石、雄黄、石榴子石；微量矿物有锆石、电气石、透辉石、臭葱石、萤石等。

二、载金矿物及金的赋存形式

（一）联合村类卡林型金矿床

根据矿石中各种矿物和单矿物化学分析和电子探针分析结果，有金显示的矿物为黄铁矿、菱铁矿、方解石、绢云母和石英。

1. 黄铁矿

联合村金矿各种晶形和粒度的混合样黄铁矿单矿物，化学分析金含量（w_{Au}）为 11.7g/t。按黄铁矿在矿石中的质量分数为 2%，那么矿石中的黄铁矿相对含金占有率为 7%。

2. 菱铁矿和方解石

由表 3-11 和表 3-12 可见，菱铁矿电子探针分析结果，某些点上金含量（w_{Au}）为 200~400g/t。方解石电子探针分析结果，某些点上金含量（w_{Au}）为 200~3600g/t。联合村金矿，菱铁矿和方解石混合碳酸盐单矿物，化学分析金含量（w_{Au}）为 1.13g/t。按碳酸盐矿物在矿石中的质量分数为 15%，则矿石中碳酸盐相对含金占有率为 5%。

3. 绢云母

由表 3-13 可见，电子探针分析，某些点上金含量（w_{Au}）为 1400~4800g/t。绢云母单矿物化学分析，金含量（w_{Au}）为 0.42g/t。按绢云母在矿石中，质量分数为 20%，则在矿石中，绢云母相对含金占有率为 3%。

4. 石英

由表 3-10 可见，第一世代的 β 石英，电子探针分析，某些点上金含量（w_{Au}）为 300g/t，β 石英单矿物化学分析结果，金含量（w_{Au}）为 0.41g/t。按石英在矿石中质量分数为 15%，则矿石中 β 石英相对含金占有率为 2%。其 83% 的金可能存在于矿石矿物颗粒间。

化学物相方法对联合村类卡林型金矿，花岗斑岩型金矿石研究的结论是：该类型矿石，单体金占 91.35%，单体金不被矿物包裹，金具有自由表面，可被化学药品浸出，属易选矿石，有利于工业利用。该矿石氰化浸出率在 90% 以上。碳酸盐矿物包裹金，占 3.13%。硅酸盐矿物包裹金占 1.92%。

硫化物矿物包裹金，占0.84%。石英包裹金，占2.64%。各种矿物包裹金共占8.65%。详见表3-14。

表3-14 化学物相分析结果

样品编号	矿 区	矿 石 类 型	
CH11-1 CH22-1-2	联合村	碎裂花岗斑岩型金矿石	
矿物名称		矿物中金含量 $w_{Au}/g \cdot t^{-1}$	矿物中相对含金量 占有率/%
单体金		3.80	91.35
碳酸盐矿物包裹金		0.13	3.13
硅酸盐矿物包裹金		0.08	1.92
硫化物包裹金		0.035	0.84
石英包裹金		0.11	2.64
各相加合量		4.16	
原矿石金品位		4.12	

经光学显微镜和天津地质研究院JCXA-733型电子探针研究，南开大学和天津大学X-650扫描电子显微镜研究，北京大学物理系电镜室KYKY1000B扫描电子显微镜背散射探头研究，发现金粒径小于0.1μm。综合上述资料，说明单体金呈胶体吸附金存在于黄铁矿、菱铁矿、方解石等矿物的微裂隙或其表面；存在于碳酸盐矿物、绢云母、石英中的包裹金为胶体分散金。

（二）阳山类卡林型金矿床

阳山金矿床中，金矿物以自然金为主，其次为银金矿。金矿物主要赋存于毒砂、褐铁矿、辉锑矿和黏土矿物中，有三种赋存状态：

（1）主要以包裹体形式赋存于毒砂、褐铁矿和黏土矿物中，占镜下统计数的75.46%。

（2）以裂隙金赋存于黄铁矿和褐铁矿的微裂隙中，占统计数的 11.82%。

（3）以粒间金赋存于黏土矿物中（12.72%），金矿物嵌布粒度细粒，镜下见到的最大金矿物颗粒，仅 5~6μm，大部分在 2~3μm 或更小。

三、矿石类型

根据矿石的矿物组成、密度和化学成分的差异，将联合村类卡林型金矿的矿石类型，划分为两种类型：黄铁矿化碎裂花岗斑岩型金矿石和硅质构造角砾岩型金矿石。

1. 黄铁矿化碎裂花岗斑岩型金矿石

容矿岩石为花岗斑岩，黄铁矿含量可达 2%，主要呈浸染状分布。此外尚含少量毒砂、雄黄、辰砂等。（Fe_2O_3 + FeO）含量平均值为 2.82%，最高值达 3.8%。（K_2O + Na_2O）含量平均值为 2.57%，K_2O 平均值为 2.53%，Na_2O 平均值为 0.05%。砷含量平均值为 0.18%。联合村类卡林型金矿，碎裂花岗斑岩型金矿石，化学成分和微量元素含量见表 3-15。

表 3-15　联合村碎裂花岗斑岩型金矿石化学成分和微量元素含量

序号	w_B/%						
	SiO_2	Al_2O_3	TiO_2	CaO	MgO	Fe_2O_3	FeO
1	68.70	14.46	0.26	4.03	0.60	1.54	0.46
2	70.56	15.40	0.42	0.70	0.37	3.56	0.24

序号	w_B/%						
	P_2O_5	MnO	K_2O	Na_2O	CO_2	H_2O^+	有机炭
1	0.14	0.04	2.82	0.06	3.28	3.13	0.09
2	0.42	0.05	1.32	0.01	0.62	5.23	0.09

序号	$w_B/g \cdot t^{-1}$						
	Au	Ag	As	Sb	Hg	Cu	Pb
1	2.15	0.11	2000	76	11.3	18	30
2	4.12	0.06	4200	80	24.9	28	15

序号	$w_B/g \cdot t^{-1}$						
	Zn	Tl	Se	Te	W	Mo	Ba
1	30	2.9	0.3	0.5	2.5	2.1	500
2	50	3.2	0.4	0.4	14	6.2	10500

2. 硅质构造角砾岩型金矿石

联合村 II-1 矿体，由硅质构造角砾岩型金矿石组成，角砾占 45% ~ 80%，角砾成分为硅质岩、花岗斑岩、白云质灰岩、砂岩。胶结物占 20% ~ 55%，主要成分为硅质岩屑，次为长英质、铁质、泥质、炭质。主要金属矿物有褐铁矿、黄铁矿、辰砂、雄黄、雌黄、辉锑矿。金品位（w_{Au}）为 3 ~ 8.33g/t。

阳山类卡林型金矿床，按矿石原岩类型，将矿石划分为蚀变脉岩型、蚀变砂岩型、蚀变千枚岩型、蚀变灰岩型。其中以黄铁矿化蚀变斜长花岗斑岩型和黄铁矿化蚀变千枚岩型矿石为主。

四、矿石结构构造

（一）矿石结构

1. 自形-半自形晶粒结构

黄铁矿外形呈完好、较完好的立方体，五角十二面体，毒砂外形呈完好的菱形。

2. 他形粒状结构

辰砂呈他形不规则粒状。

3. 环带结构

自形-半自形黄铁矿，发育单环带或多环带。

4. 交代结构

菱形切面的毒砂交代黄铁矿，菱铁矿交代斜长石。

5. 变形结构

辉锑矿双晶，受力后发生弯曲。

6. 压碎结构

脆性剪切作用使花岗斑岩碎裂，其裂隙被霏细硅质胶结。

7. 残余结构

黄铁矿被褐铁矿交代，呈残余结构。

8. 环边结构

花岗斑岩卵圆形石英斑晶外缘，发育宽 0.1mm 环边，呈霏细结构，其矿物成分与外围的基质相同。

9. 港湾结构

花岗斑岩中的 β 石英斑晶，常见熔蚀现象和港湾结构。

（二）矿石构造

1. 浸染状构造

黄铁矿、毒砂等金属矿物呈单体或集合体，稀疏至稠密浸染于花岗斑岩中。

2. 角砾状构造

联合村 II-1 矿体为硅质构造角砾岩型矿石，角砾占 45% ~ 80% ,角砾成分为硅质岩、花岗斑岩、白云质灰岩、砂岩。胶结物占 20% ~ 55% ,主要成分为硅质岩屑，次为长英质、铁质、泥质、炭质。主要金属矿物有褐铁矿、黄铁矿、辰砂、雄黄、雌黄、辉锑矿。

3. 晶洞构造

花岗斑岩中，斜长石斑晶风化后的残留空洞中，充填石膏晶体。

第四节　类卡林型金矿的热液蚀变

一、热液蚀变类型、期次、强度及变化

本区的热液蚀变作用包括热液成矿作用和热液酸滤蚀变

作用。热液作用分为早、中、晚三个阶段。从时间观点来说，晚期热液阶段和热液酸滤蚀变作用阶段的某些过程，可能在不同深度同时发生。在某一中等深度，上升的热液流体和下降的酸滤溶液混合，形成了具有某种矿物特征的带。

（一）联合村类卡林型金矿

1. 早期热液阶段

早期热液流体沿一组脆性剪切断裂向上运移。这一阶段主要从围岩中溶出少量的方解石和沉淀出少量的石英，与其后的主期热液阶段相比，早期热液阶段的热液，对岩石的影响是微弱的。早期热液流体的温度不高（约100℃），某中方解石未达到饱和，但石英则达到饱和状态。

2. 主期热液阶段

大多数热液蚀变主要发生在主期热液阶段。

（1）菱铁矿化。菱铁矿呈粒状晶体，偶见菱面体晶形，颗粒边缘析出褐铁矿，正交偏光下呈高级白干涉色。菱铁矿电子探针分析结果见表3-16。在花岗斑岩中，菱铁矿主要交代斜长石，并见菱铁矿细脉。

表3-16　菱铁矿电子探针分析结果

矿　区	样品编号	矿物名称	$w_B/\%$				
			MgO	MnO	CaO	CO_2	FeO
联合村	CB22-1-2	花岗斑岩中的菱铁矿	0.53	0.03	3.42	32.52	63.27
	CB22-1-2	花岗斑岩中的菱铁矿	0.23	0.02	2.08	33.13	64.53
菱铁矿理论值						37.90	62.10

（2）钾—泥化。花岗斑岩中，呈斑晶和基质的斜长石，高岭土化和绢云母化发育。

（3）硅化。碎裂花岗斑岩的裂隙中，分布霏细状硅质。沿花岗斑岩节理裂隙，宽1~10cm 的石英脉广泛分布。与早期热液阶段相比，主期热液阶段沉淀的石英较多，反映了在较高温度条件下，溶液中携带了大量的二氧化硅。

3. 晚期热液阶段

（1）晚期热液阶段叠加了热液酸滤蚀变作用。联合村金矿，各类型矿石中，都可见浸染状分布的细粒重晶石，其含量见表 3-17。重晶石呈粒状者居多，白色，毛玻璃状，密度大于 4。N_g 为 1.647~1.649。联合村金矿，重晶石化西部较东部发育。西部 11 线钡的质量分数为 1100×10^{-6}，灰岩压碎岩中，钡的质量分数为 1600×10^{-6}，花岗斑岩压碎岩中，钡的质量分数为 10500×10^{-6}。东部 32 线，钡的质量分数为 175×10^{-6}。甘肃文县新关，花岗斑岩型金矿石，钡的质量分数为 $(210~500) \times 10^{-6}$。

表 3-17　各类型矿石中重晶石含量

矿　区	矿石类型	重晶石（w_B）/%
联合村	碎裂状花岗斑岩型金矿石	0.01
	花岗斑岩压碎岩型金矿石	0.07
	硅质构造角砾岩型金矿石	0.21

联合村金矿发育硬石膏化。硬石膏呈柱状晶体，多聚集分布在花岗斑岩长石斑晶风化后的残留空洞范围内。在四川省平武县胡家磨，地表发现硬石膏脉。

由于存在重晶石化和硬石膏化，说明本区存在热液酸滤蚀变作用。这种酸性溶液是由热液流体沸腾时分馏出的 H_2S，经过氧化，并与蒸汽和天水混合，形成硫酸（H_2SO_4）。硫酸是酸滤蚀变作用的主要酸类。斜长石晶体经主期热液阶段的热液蚀变之后，已经发育高岭土化，绢云母化，并常被菱铁矿交代。再叠加热液酸滤蚀变作用之后，斜长石晶体可以完全被溶蚀尽，仅留下一个空壳。酸滤带产生的硫酸根（SO_4^{2-}），与热液带来的 Ba^{2+}，发生化学反应形成重晶石（$BaSO_4$），与 Ca^{2+} 发生化学反应，而形成硬石膏（$CaSO_4$）。

流体的沸腾作用将使其流动状态和矿床的物理、化学条件发生重要变化。强酸滤蚀变区沿脆性剪切带和断层分布。脆性剪切带和断层，是热液活动的主要通道，岩石中的溶液向通道运移，CO_2 和 H_2S 及水蒸气则沿通道向地表或潜水面排放。这些气、液的排放，导致流体系统中内压降低，促使深部流体的流速加快。流体运移到较高层位时，便引起深部流体的沸腾。由于 H_2S 和 CO_2 的逃逸而使热液的 pH 值向酸度递减的方向偏移。而在地表浅部带低压条件下的通道中，由于溶液中 CO_2 的逐渐增多，便导致方解石的沉淀。因而，在酸滤带上部沉淀出广泛分布的方解石脉。在联合村金矿地表，白云质灰岩和花岗斑岩中，均可见宽 1mm 的方解石脉，呈网脉状分布。花岗斑岩中，方解石脉发育的部位，CaO 含量达 34.24%，CO_2 含量达 41.81%，SiO_2 含量仅为 6.09%。

按酸滤蚀变带中，花岗斑岩的矿物组成特征，联合村一带属强热液酸滤蚀变级。

（2）黄钾铁矾化 [$KFe_3(SO_4)_2(OH)_6$] 是联合村类卡林型金矿，发育热液酸滤蚀变作用的另一特征。31 线处，花岗斑岩外接触带，灰岩压碎岩的裂隙中，分布黄钾铁矾，因此使灰岩压碎岩呈土黄色。花岗斑岩压碎岩中，黄钾铁矾集合体不均匀分布，斜长石斑晶表面，局部分布黄钾铁矾。

（3）萤石化。萤石分布在花岗斑岩质构造角砾岩胶结物的裂隙中，呈不规则粒状。

（4）绿帘石化。绿帘石化由地表向下延伸 25m，多处发现绿帘石交代斜长石。

4. 表生氧化和风化作用阶段

未氧化花岗斑岩为灰白色，经表生氧化的花岗斑岩呈褐红色，主要是以下几个矿物成分发生了变化：

（1）黄铁矿褐铁矿化。黄铁矿被褐铁矿交代，呈残余结构。发育环带结构的黄铁矿，常见外环和内环被褐铁矿交代，而中环抗风化力最强。

（2）菱铁矿褐铁矿化。沿菱铁矿颗粒的边部或解理裂隙，常发育褐铁矿化。

（3）黄钾铁矾褐铁矿化。由黄钾铁矾析出的铁，分布于边部。

花岗斑岩在热液酸滤作用下，表现出 Al_2O_3、H_2O、Fe_2O_3、Ba 丰度增加，这与绢云母化、重晶石化等热液蚀变的现象是一致的。发育酸滤蚀变作用的花岗斑岩，CaO、CO_2、MgO、FeO、Na_2O、K_2O、S 的丰度，有所降低。主要是由于菱铁矿、方解石等矿物的溶解，黄铁矿的氧化。

白云质灰岩在热液酸滤作用下，表现出 SiO_2、Al_2O_3、MgO、P_2O_5、Fe_2O_3、Ba 丰度增高，这是与硅化、重晶石化、黄钾铁矾化等热液蚀变现象一致的；CaO、CO_2、Na_2O、K_2O、H_2O 丰度有所降低，这是由于方解石的溶解，可溶性元素的流失。详见表 3-18，图 3-6 和图 3-7。

表 3-18　岩石化学成分对比

样品编号	样品名称	$w_B/\%$						
		SiO_2	Al_2O_3	TiO_2	CaO	MgO	FeO	P_2O_5
MH-2	花岗斑岩	71.48	15.09	0.25	1.56	0.68	0.79	0.11
CH11-1	蚀变花岗斑岩	70.56	15.40	0.42	0.70	0.37	0.24	0.42
CH-1	白云质灰岩	1.00	0.34	0.07	34.23	17.37	0.25	0.005
CH31-1-1	黄钾铁矾碎裂灰岩	3.02	0.46	0.07	30.63	18.97	0.25	0.076

样品编号	样品名称	$w_B/\%$						$w_B/g \cdot t^{-1}$
		K_2O	Na_2O	H_2O^+	CO_2	S	Fe_2O_3	Ba
MH-2	花岗斑岩	3.70	0.14	2.52	1.36	0.071	1.09	60
CH11-1	蚀变花岗斑岩	1.32	0.01	5.23	0.62	0.029	3.56	160
CH-1	白云质灰岩	0.09	0.29	0.76	45.93	0.003	0.04	19
CH31-1-1	黄钾铁矾碎裂灰岩	0.04	0.28	0.46	44.80	0.003	1.01	890

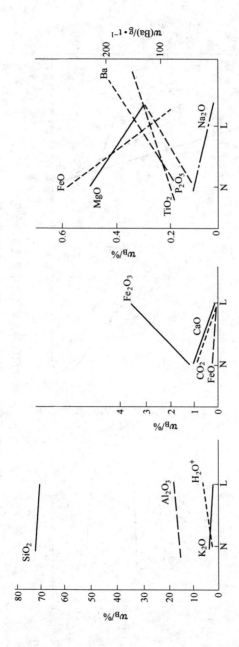

图 3-6　酸滤作用后，花岗斑岩化学成分的变化

N—未酸滤未矿化花岗斑岩；L—酸滤后的花岗斑岩

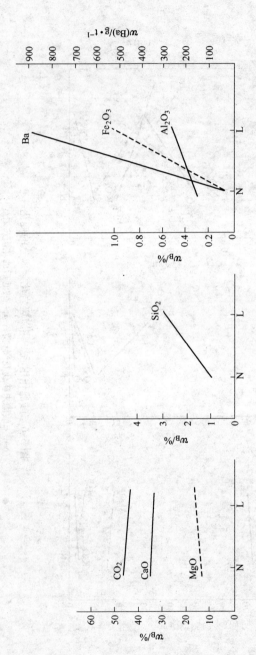

图 3-7 酸滤作用后白云质灰岩化学成分的变化

N—未酸滤白云质灰岩；L—受酸滤影响的白云质灰岩

矿石矿物的形成期次和顺序详见表 3-19。

表 3-19　联合村类卡林型金矿矿石矿物的形成期次和顺序

矿物名称	印支晚期花岗斑岩成岩期	燕山构造阶段热液期			表生氧化和风化期
		早期阶段	主期阶段	晚期和酸滤阶段	
锰铝石榴石	■				
锆石	■				
磷灰石	■				
石英	■	■	■	■	■
斜长石	■				
白云母	■				
磁铁矿	■				
黄铁矿	■	■	■	■	
磁黄铁矿	■	■	■		
毒砂		■	■		
辉锑矿				■	
雄黄				■	
辰砂				■	
绢云母			■	■	■
菱铁矿			■		
高岭土			■	■	■
绿帘石			■		
重晶石				■	
硬石膏				■	
方解石				■	
萤石				■	
赤铜矿				■	
斑铜矿				■	
黄钾铁矾					■
褐铁矿				■	■
单体金			■		
包裹金			■		

（二）阳山类卡林型金矿

矿床围岩蚀变主要有硅化、绢云母化、黏土化、碳酸盐化、黄铁矿化、毒砂化、褐铁矿化等，总体表现为浅成低温热液蚀变特征，其中绢云母化、黏土化、碳酸盐化在矿区内广泛发育。从矿体到围岩有一定的蚀变分带现象，表现为近矿部位硅化、黄铁矿化较强，而远矿部位黏土化、碳酸盐化较发育。但由于受构造破碎以及围岩成分的影响，蚀变分带并不十分明显。

阳山金矿的非金属矿物中也存在重晶石，说明也存在晚期热液蚀变阶段的酸滤蚀变。

按郭俊华等的资料，阳山金矿成矿期次可分为热液期和表生期，热液期可分为 4 个成矿阶段：（1）无矿石英；（2）黄铁矿—石英；（3）黄铁矿—毒砂—石英；（4）石英—碳酸盐阶段，其中（2）、（3）为主要矿化阶段。

二、蚀变与金及有关硫化物矿化的关系

联合村类卡林型金矿床，成矿溶液沿花岗斑岩成岩后的脆性剪切断裂和脆性断裂运移上升。在花岗斑岩中，产生了上述一系列热液蚀变。金及有关硫化物的矿化，与热液蚀变有密切的关系。

（1）只有发生上述热液蚀变的碎裂花岗斑岩，才构成金矿石。而没有发生热液蚀变的花岗斑岩，其金的背景值为0.017g/t。主期热液蚀变形成的矿物菱铁矿、绢云母、方解石，都是重要的载金矿物之一，详见第三章第三节。

（2）花岗斑岩中，成岩黄铁矿，见显微脆性剪切的构造现象。黄铁矿晶体受剪切应力作用，形成一组非常规则的显微剪节理。石英细脉充填于显微剪节理中。这一现象进一步说明，脆性剪切作用发生之后，发生了热液蚀变。立方晶形黄铁矿基本不含金，而热液黄铁矿是重要的载金矿物，详见第三章第三

节。主期热液阶段带入铁、硫、金、银、砷、汞等元素，形成本区金矿主矿体。而晚期热液阶段主要带入锑、汞、铁、硫。甲勿池走向210°，倾角85°的辉锑矿石英脉，是晚期热液阶段形成的，其化学成分见表3-20。金品位（w_{Au}）为0.36g/t，Au/Ag =0.17，锑含量（w_{Sb}）为$427×10^{-6}$。光学显微镜下可见主要矿物成分是：石英、辉锑矿、少量黄铁矿和磁黄铁矿、斑铜矿、赤铜矿。联合村金矿，一组平缓逆断层（$F_3^1 \sim F_3^4$），分布于18、26、42、50线附近，倾向250°~280°，倾角45°~65°，走向延长最大1500m，垂直断距可达150m，这组断裂是晚期热液活动的通道。仅在这组断裂中见辉锑矿。5号平硐（位于F_3^1），花岗斑岩压碎岩和灰岩压碎岩，化学分析结果见表3-20，锑含量（w_{Sb}）分别达到6600g/t和21000g/t。该平硐中23个样品，Au与Sb相关系数为0.0861，金与锑不相关。在5%显著性水平上，23个样品，相关系数的绝对值大于等于0.404，相关系数才有意义。所以说，晚期热液阶段，金与锑不相关。钡含量（w_{Ba}）可达10500g/t和16000g/t。

表3-20　主期热液阶段与晚期热液阶段微量元素对比

产地	名　称	w_B							
		Au[①]	Ag[①]	As	Sb	Hg	Cu	Pb	Zn
联合村	碎裂花岗斑岩型金矿石，主期热液阶段形成	3.22	0.09	2180.7	798.8	39.19	24.98	16.5	42.5
联合村	花岗斑岩压碎岩，主期热液叠加晚期热液	1.65	0.08	1900.0	6600	208	41	10	54
联合村	灰岩压碎岩，晚期热液阶段形成	0.48	0.68	2500	21000	126	24	1.0	45
甲勿池	辉锑矿石英脉，晚期热液阶段形成	0.36	2.15	357	427	1.8	18	126	22

产地	名 称	w_B						Au/Ag
		Tl	Se	Te	W	Mo	Ba	
联合村	碎裂花岗斑岩型金矿石，主期热液阶段形成	6.03	0.49	0.52	9.54	2.52	5395	36:1
联合村	花岗斑岩压碎岩，主期热液叠加晚期热液	34	2.3	0.5	9.6	3.0	10500	20.6:1
联合村	灰岩压碎岩，晚期热液阶段形成	42	1.0	0.4	6.3	3.2	16000	0.71:1
甲勿池	辉锑矿石英脉，晚期热液阶段形成	0.2	0.3	1.8	1.7	2.0		0.17:1

①表中 Au、Ag 的单位为 g/t，其余元素为 $\times 10^{-6}$。

（3）形成类卡林型金矿工业矿体的成矿作用，某些部位的晚期阶段，必然发育热液酸滤蚀变作用。热液酸滤蚀变带是赋存类卡林型金矿工业矿体的重要标志。酸滤蚀变带形态不规则，厚可达 75m，主矿体位于酸滤蚀变带下部。联合村金矿Ⅱ-1金矿体，在距地表 150～200m 地段，冰洲石特别发育，辰砂、雄黄也较普遍分布。说明在Ⅱ-1 金矿体中，距地表 150～200m，才是主矿体顶部的氧化矿石。因为一般酸滤带之下的氧化矿石中，方解石脉呈较纯洁的白色冰洲石，并且硫化矿物（特别是雄黄）与冰洲石一起产于原生矿体的上部。

第五节　类卡林型金矿床地球化学

一、常量元素地球化学

花岗斑岩在矿化过程中，带进常量元素为 Al_2O_3、H_2O、

Fe_2O_3、Ba,此与绢云母化、重晶石化等热液蚀变现象是一致的。

带出的常量元素有 CaO、CO_2、MgO、FeO、Na_2O、K_2O、S。反映了菱铁矿、方解石等矿物的溶解，黄铁矿的氧化，详见表3-18，图3-6，图3-7。

二、微量元素地球化学

（1）表3-21列出了联合村类卡林型金矿花岗斑岩型金矿石的微量元素组成，与美国卡林金矿石相比，金、银、砷、锑、汞、铜、铅、锌、铊、硒、碲、钨、钼、钡元素组合及其丰度基本相同。但联合村类卡林型金矿，砷含量是美国卡林金矿的4~5倍。联合村类卡林型金矿钡含量是美国卡林金矿氧化矿石的4倍。联合村类卡林型金矿的 Au/Ag 比值是27，高于美国卡林金矿。

表3-21　微量元素含量对比

矿床	矿石类型	$w_B \times 10^{-6}$/样品数							
		Au	Ag	As	Sb	Hg	Cu	Pb	Zn
联合村	花岗斑岩型金矿石	$\frac{3.26}{6}$	$\frac{0.12}{12}$	$\frac{2139.33}{12}$	$\frac{127.38}{12}$	$\frac{18.01}{12}$	$\frac{21.23}{10}$	$\frac{17.5}{10}$	$\frac{42.2}{10}$
	碎裂灰岩型金矿石	$\frac{2.00}{4}$	$\frac{0.13}{4}$	$\frac{11374.25}{4}$	$\frac{2052}{4}$	$\frac{160.83}{4}$	$\frac{33}{3}$	$\frac{8.33}{3}$	$\frac{43.00}{3}$
	硅质构造角砾岩型金矿石	$\frac{1.19}{1}$	$\frac{0.14}{1}$	$\frac{497}{1}$	$\frac{467}{1}$	$\frac{125}{1}$	$\frac{30}{1}$	$\frac{14}{1}$	$\frac{28}{1}$
美国卡林金矿	氧化矿石	9	0.7	405.0	95.0	18.0	22.0	25.0	90.0
	原生矿石	7.1	0.7	506.0	126.0	21.0	35.0	30.0	165.0
阳山	碎裂千枚岩和花岗斑岩型金矿石	7.06	$\frac{0.45}{2}$	$\frac{6300}{2}$	$\frac{154.7}{2}$		$\frac{26.4}{2}$	$\frac{44.9}{2}$	$\frac{47.8}{2}$

矿床	矿石类型	$w_B \times 10^{-6}$/样品数						Au/Ag	$C_{有机}$
		Mo	Se	Te	Tl	W	Ba		
联合村	花岗斑岩型金矿石	$\dfrac{2.32}{10}$	$\dfrac{0.27}{10}$	$\dfrac{0.52}{10}$	$\dfrac{2.83}{10}$	$\dfrac{9.58}{10}$	$\dfrac{5395}{2}$	27	0.09
	碎裂灰岩型金矿石	$\dfrac{5.03}{3}$	$\dfrac{2}{3}$	$\dfrac{0.47}{3}$	$\dfrac{25.8}{3}$	$\dfrac{8.4}{3}$	$\dfrac{8550}{2}$	15	
	硅质构造角砾岩型金矿石	$\dfrac{8.9}{1}$	$\dfrac{2.3}{1}$	$\dfrac{0.6}{1}$	$\dfrac{32}{1}$	$\dfrac{9.3}{1}$	$\dfrac{1100}{1}$	9	
美国卡林金矿	氧化矿石	3.0	0.4	<0.2	20.0	12.0	1400	12.9	
	原生矿石	6.0	0.9	0.4	50.0	18.0	400	10	$\dfrac{400}{292}$
阳山	碎裂千枚岩和花岗斑岩型金矿石							15.7	2.22

注：联合村资料据孙树浩；阳山资料据郭俊华；卡林资料据 A. S. 拉德克。

（2）由表 3-22 联合村类卡林型金矿微量元素相关矩阵知，金仅与砷相关密切，Au 与 As 相关系数为 0.3255。

表 3-22　联合村类卡林型金矿微量元素相关矩阵

元素	Au	Ag	As	Sb	Hg	Cu	Pb	Zn	Tl	Se	Te	W	Mo
Au													
Ag													
As	0.3255												
Sb		0.3326											
Hg			0.6121	0.3839									
Cu													
Pb													
Zn													

元素	Au	Ag	As	Sb	Hg	Cu	Pb	Zn	Tl	Se	Te	W	Mo
Tl				0.7787	0.5734								
Se				0.3953	0.7454			0.7353					
Te													
W						0.4173	-0.4393						
Mo								0.3488					

注：1. 置信度 $\alpha = 5\%$，相关系数绝对值大于等于 0.349，相关系数有意义。

2. 样品数为 32 件。

联合村类卡林型金矿斜交参考因子模型见表 3-23。

表 3-23　联合村类卡林型金矿斜交参考因子模型

因子 元素	1	2	3	4	5	6	7
Au	-1.0332	-0.1219	-0.4926	0.3511	0.2381	-0.1893	0.2866
Ag	0.2992	0.2997	0.4540	-0.8662	-0.2520	0.4845	-0.1379
As	-0.4759	0.1643	-1.1651	-0.0280	0.1537	-0.1060	0.1375
Sb	0.0188	1.1373	-0.0950	-0.2630	-0.1055	0.5630	0.1114
Hg	-0.3089	0.8834	-1.0977	-0.2171	-0.1678	0.1490	0.3309
Cu	-1.0836	0.2870	-0.1325	0.1128	-0.0281	0.5503	0.4439
Pb	0.5054	-0.4196	0.2401	0.0093	-0.3177	-1.1825	-0.4101
Zn	-0.1641	-0.970	0.0091	-0.0711	1.0331	0.2755	0.0386
Tl	-0.1858	1.2652	-0.3775	0.0719	-0.1637	0.4202	0.5187
Se	-0.3511	1.0035	-0.7534	0.2883	-0.1788	0.0139	0.5257
Te	-0.2145	0.0662	0.2496	0.8603	-0.2205	0.2533	0.1645
W	-0.9012	-0.1077	-0.0325	0.4864	0.0772	0.7367	0.6218
Mo	-0.4260	0.3390	-0.1204	0.1360	-0.0117	0.3967	1.1737

由表 3-23 知：

第一因子为金、砷、铜、铅、钼、钨因子。说明金与砷、铜、铅、钼、钨有成因关系。

第二因子为锑、汞、铊、硒因子。说明锑、汞、铊、硒有成因关系。

第三因子为金、砷、汞、硒因子。说明金与砷、汞、硒有成因关系。

上述 R 型因子分析说明：

①虽然矿床中铜、铅、钼、钨含量很低，但金与铜、铅、钼、钨有成因关系。

②金与锑富集阶段不同。

③金与砷关系密切。

④金在两个阶段富集。

（3）区域地质研究说明，印支期酸性岩体为区域带入金、铜、铅、钼等元素，燕山期花岗岩为区域带入金、钨、锡。联合村类卡林型金矿，作为围岩的印支期 S 型花岗斑岩中的微量元素，被热卤水汲进了成矿溶液，所以表现出金与铜、铅、钼等元素具有成因关系。金与钨存在成因联系，揭示燕山期岩浆不仅是本区类卡林型金矿成矿作用的热源，而且花岗岩期后，含金、钨等微量元素的热液，进入了金矿成矿溶液，掺入了热卤水循环的成矿作用。

（4）辉锑矿呈脉状产出，晚于金的矿化富集。

（5）辉锑矿中含铂（见表3-8），说明在低温条件下，铂元素有运移和富集。

阳山类卡林型金矿床多元素化学分析结果表明，矿石中除金外，还含一定量的 Sb（$10.4 \times 10^{-6} \sim 299.0 \times 10^{-6}$）、Ag（$0.1 \times 10^{-6} \sim 0.8 \times 10^{-6}$）、Cu（$17.5 \times 10^{-6} \sim 35.2 \times 10^{-6}$）、Pb（$30.5 \times 10^{-6} \sim 59.3 \times 10^{-6}$）、Zn（$41.7 \times 10^{-6} \sim 94.0 \times 10^{-6}$）等，矿石中 As（$0.19 \times 10^{-2} \sim 1.07 \times 10^{-2}$）、C$_{有机}$（$0.07 \times 10^{-6} \sim 2.22 \times 10^{-6}$）含量偏高，对选矿不利。对矿区 113 件样品进行

的相关分析结果显示，Au 与 Ag、As、Sb、Hg 为正相关关系，表明成矿元素为一套与低温热液活动有关的组合。

三、稳定同位素地球化学

（一）硫同位素

1. 联合村类卡林型金矿床

硫同位素数据见表 3-24，硫同位素组成见图 3-8。

表 3-24　硫同位素数据

矿　区	编号	样品名称	测定矿物	$\delta^{34}S$（CDT）/‰	资料来源
联合村	Z-1	花岗斑岩	重晶石	6.78	孙树浩
	Z-2	硅质构造角砾岩	重晶石	9.02	
甲勿池	Z-6	炭质粉砂岩	沉积变质型黄铁矿	5.87	孙树浩
	Z-8	石英斑岩	热液型黄铁矿	5.54	
	Z-7	花岗斑岩	热液型黄铁矿	8.79	
松潘东北寨		Ⅱ号和Ⅳ号矿体	热液型黄铁矿	−7.40 ~ +6.30	成都地质学院 武汉地质学院
			莓球状黄铁矿	−1.9 ~ +3.09	四川西北 地质大队
美国卡林		主矿带和东矿带	黄铁矿	4.2 ~16.1	A. S. 拉德克
		东矿带矿化岩墙	黄铁矿	9.7	

由表 3-24 和图 3-8 可知，热液黄铁矿，重晶石，$\delta^{34}S$ 值变化于 5.54‰ ~ 9.02‰，平均值为 +7.2‰，极差为 3.48‰，标准差为 1.62‰。

在 H_2S 有优势场范围内，自溶液中沉淀出的黄铁矿将具有与此溶液 $\delta^{34}S_{\Sigma}$ 相近的 $\delta^{34}S$ 值。据分析，本区类卡林型金矿床成矿溶液中，硫的溶解类型主要为 H_2S，因此可以用热液黄铁矿的 $\delta^{34}S$ 值代替溶液的 $\delta^{34}S_{\Sigma}$ 值，以判断溶液中硫的来

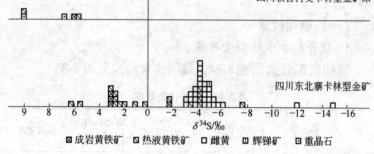

图 3-8　硫同位素组成图解

源。本区热液黄铁矿、重晶石的 $\delta^{34}S$ 值说明，以富集 ^{34}S 为特征。从两方面说明硫来源于混合硫源，一方面是适当的温度、pH 值和氧逸度（f_{O_2}）的热泉，将矿源层中的成岩成因黄铁矿硫运移上来；另一方面是岩浆晚期热液中的硫也是一个硫源。美国卡林矿区原生矿石中热液黄铁矿 $\delta^{34}S$ 值为 4.2‰ ~ 16.1‰，矿化岩墙中的黄铁矿 $\delta^{34}S$ 值为 9.7‰，与本区类卡林型金矿 $\delta^{34}S$ 值相近。而由图 3-8 可见，东北寨金矿的 $\delta^{34}S$ 值，与联合村类卡林型金矿的 $\delta^{34}S$ 值，有较大差别。从而反映联合村类卡林型金矿的硫源，与东北寨金矿硫源有差别。

2. 阳山类卡林型金矿床

黄铁矿、辉锑矿的硫同位素组成测试结果表明，矿石硫以相对富集 ^{34}S，并且离散性较大为特征（$\delta^{34}S$ 值为 – 3.47‰ ~ 13.23‰），一般认为，这种硫同位素组成较分散，成矿过程可能存在多个硫源。本区黄铁矿—石英细脉 $\delta^{34}S$ 值接近矿化千枚岩，而辉锑矿 $\delta^{34}S$ 值接近于再平衡岩浆水热液矿床（ – 2‰ ~ 3‰），显示地层硫与岩浆硫参与了成矿作用。

（二）碳同位素

1. 联合村类卡林型金矿床

氧、碳同位素数据见表3-25。

表3-25　氧、碳同位素数据

矿区	编号	测定矿物	$\delta^{13}C(PDB)$ /‰	$\delta^{18}O(SMOW)$ /‰	资料来源
甲勿池	JH1001-4	石英包体	-4.76	16.91	孙树浩
甲勿池	JBPD1-2-1	石英包体	-5.26	21.30	
甲勿池	JH29-1	石英包体	-1.61	33.92	
店房坝	EH09-1	石英包体	-1.30	34.29	
松潘沟	LSH-2	方解石	-2.00	16.86	
联合村	CHP22-1	方解石	0.92	13.31	
联合村	C-1	方解石	1.58	15.685	
东北寨	Ⅱ号和Ⅳ号矿体	方解石	-4.663 ~ 2.748	15.080 ~ 27.172	成都地质学院四川西北地质大队
东北寨	主断面和Ⅳ号,Ⅱ号矿体	灰 岩	0.332 ~ 3.311	16.280 ~ 23.670	成都地质学院

由表3-25碳同位素数据知,联合村和松潘沟金矿热液方解石的 $\delta^{13}C$ 值为 $-2.0‰ \sim +1.58‰$,平均值为 $+0.5‰$,极差为 $3.58‰$,标准差为 $0.44‰$,落于美国卡林金矿的热液方解石 $\delta^{13}C$ 值区间($-1.0‰ \sim +0.4‰$)。

由于含矿热液中碳的主要溶解类型为 HCO_3^-,根据 Ohmoto 和 Rye(1979)研究,在 $150 \sim 200℃$ 的温度范围内,以 HCO_3^- 为碳的主要溶解类型的热液,其总碳同位素组成($\delta^{13}C_\Sigma$)与从其中析出的方解石的 $\delta^{13}C$ 值相近,因而可以将方解石的平均碳同位素组成值近似代表热液的总碳同位素值。矿床中方解石具有海相碳酸盐的碳同位素组成特征表明,成矿热液中的碳主要来源于碳酸盐地层。

甲勿池和店房坝石英流体包裹体中 $\delta^{13}C$ 值为 $-4.76‰ \sim$ $+1.3‰$，平均值为 $-3.23‰$，极差为 $3.15‰$，标准差为 $-1.79‰$，此值稍小于碳酸盐的 $\delta^{13}C$ 值，但又远大于沉积有机质的 $\delta^{13}C$（海相有机碳的 $\delta^{13}C$ 值一般为 $-10‰ \sim -30‰$），反映了富 ^{12}C 的有机碳加入成矿溶液。

2. 阳山类卡林型金矿床

据郭俊华资料，全岩碳同位素分析结果表明，矿化石英脉的 $\delta^{13}C_{PDB}$ 值为 $-8.36‰ \sim -2.19‰$，较为分散，据于津生等资料，岩浆来源碳的 $\delta^{13}C_{PDB}$ 值上限为 $-4‰$，大于 $-4‰$ 者暗示有沉积碳成分，据此认为本区碳是多来源的，比较接近于岩浆成因碳的分布范围。另外，矿化石英脉的 $\delta^{18}O_{全岩PDB}$ 值为 $-13.54‰ \sim 9.06‰$，更接近斜长花岗斑岩脉 $\delta^{18}O_{全岩PDB}$ 值（$-9.77‰ \sim -9.75‰$），显示成矿作用与岩浆活动有关。

（三）氢、氧同位素

1. 联合村类卡林型金矿床

氢、氧同位素数据见表3-26。

表3-26　氢、氧同位素数据

矿区	编号	测定矿物	$\delta^{18}O/‰$ (SMOW)	$\delta D/‰$ (SMOW)	温度/℃	$\delta^{18}O_{H_2O}/‰$ (SMOW)	资料来源
甲勿池	JH1001-4	石英	19.39	-97.8	190 256.7	5.4 9.27	孙树浩
甲勿池	JBPD1-2-1	石英	18.54	-77.0	170 22.93	3.02 7.04	
甲勿池	JH29-1-1	石英	33.92	-118.56	179.2 239.7	19.13 22.98	
店房坝	EH09-1	石英	34.29	-101.76	166 223.8	18.44 22.48	

由表 3-26 知，甲勿池石英 $\delta^{18}O$ 为 18.54‰、19.39‰、33.92‰，平均值为 23.95‰。石英包体水的 δD 值为 $-118.56‰$、$-97.8‰$、$-77.0‰$，平均值为 $-97.78‰$。利用相应样品的测温数据，依照石英-水之间的氧同位素分馏方程（Shiro，1972）：

$$\Delta\delta^{18}O_{石英-水} = 3.55 \times 10^6 T^{-2} - 2.57$$

换算获得流体的 $\delta^{18}O_{H_2O}$ 值为 19.13‰、22.98‰、5.4‰、9.27‰、3.02‰、7.04‰。将这些数据与其相应的 δD 值，投于 $\delta^{18}O$—δD 直角坐标图中（图 3-9）。从图 3-9 可以看出：

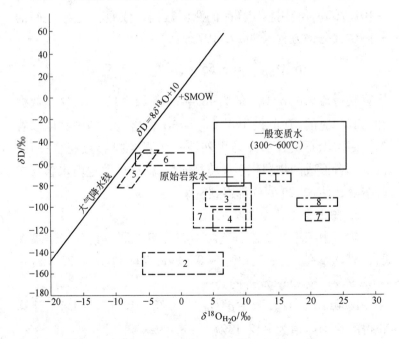

图 3-9　金矿床氢氧同位素组成与对比

1—东北寨金矿床；2—卡林金矿床（A. S. 拉德克，1980）；3—团结沟岩浆热液金矿床（吴尚全，1984）；4—张家口变质热液金矿床（王时麟，1984）；5—黔西南微细金矿床（李文亢，1989）；6—凡口泗顶铅锌矿床；7—甲勿池金矿石英脉；8—店房坝金矿石英脉

一组石英脉的投影点，与卡林金矿和东北寨金矿相似，说明大气降水加入了热卤水循环。另一组石英脉的投影点反映成矿溶液富^{18}O，说明在大气降水渗入地下环境的过程中被加热，这些被加热的水与硅酸盐、碳酸盐岩石（富^{18}O）发生同位素交换，使其$\delta^{18}O_{H_2O}$增大。也可能有残存的富^{18}O的盆地卤水参与成矿溶液，使δD和$\delta^{18}O_{H_2O}$同时得到富集。甲勿池石英脉投影点接近原始岩浆水投影点，反映岩浆期后热液掺入成矿溶液。

店房坝石英$\delta^{18}O$为34.29‰，石英包体水的δD值为－101.76‰。利用相应样品的测温数据，依照石英-水之间的氧同位素分馏方程（Shiro，1972）：

$$\delta^{18}O_{石英-水} = 3.55 \times 10^6 T^{-2} - 2.57$$

换算获得流体的$\delta^{18}O_{H_2O}$值为18.44‰和22.48‰。将这些数据和与其相应的δD值投于$\delta^{18}O_{H_2O} - \delta D$直角坐标图中，可以看到，店房坝石英投影点与甲勿池一组石英投影点完全一致，说明二者形成的物理化学环境相同。富^{18}O的盆地卤水参与成矿溶液，使δD和$\delta^{18}O$都得到富集。

2. 阳山类卡林型金矿床

矿石中细小黄铁矿石英脉中石英氢氧同位素分析结果表明，$\delta^{18}O_{石英}$值为－3.23‰～0.41‰，δD值为－92.4‰～－62.9‰，按Clayton等的公式：

$1000\ln = \delta^{18}O_{含水矿物} - \delta^{18}O_{H_2O} = 3.38 \times 10^6 T^{-2} - 3.4$，计算获得的$\delta^{18}O_{H_2O}$值为－12.13‰～－8.48‰。

在$\delta D - \delta^{18}O_{H_2O}$图上，矿区矿石氢氧同位素组成投影点位于大气降水线附近，而δD值接近世界不同地区岩浆水（－85‰～－50‰），显示成矿热液主要为大气降水，而岩浆水在一定程度上也参与了成矿作用。

（四）铅同位素

联合村类卡林型金矿床

1. 铅同位素组成特征

辉锑矿和热液型黄铁矿的铅同位素组成稳定，各组比值的变化区间为：$^{206}Pb/^{204}Pb = 18.372 \sim 18.181$，$^{207}Pb/^{204}Pb = 15.604 \sim 15.602$，$^{208}Pb/^{204}Pb = 38.260 \sim 38.359$，属正常演化铅，见图 3-10 和表 3-27。

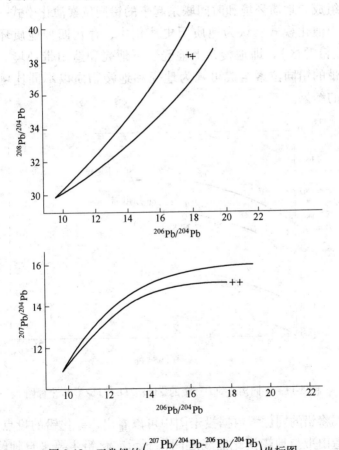

图 3-10　正常铅的$\left(\begin{array}{c}^{207}Pb/^{204}Pb - ^{206}Pb/^{204}Pb \\ ^{208}Pb/^{204}Pb - ^{206}Pb/^{204}Pb\end{array}\right)$坐标图

2. 不同样品铅的源区构造环境

多伊（DoE）和扎特曼（Zartman，1979）对比了世界上从不同环境中采来的样品铅同位素组成，包括大洋火山岩、初生岛弧、成熟岛弧、深海沉积物、克拉通地壳、非克拉通地壳，发现不同环境中的铅同位素分布范围不同。并根据这些数据分别作出了上地壳铅、造山带铅、下地壳铅和地幔铅平均增长曲线，详见图3-11。提出一个将铅同位素组成与地质环境和时间联系起来的铅同位素演化模式——动力演化模式。认为地质历史演化中，存在四种地质环境（或铅源区），即地幔，上地壳、下地壳和造山带环境。造山带的铅同位素组成可视为地壳和地幔物质以不同比例混合的结果。

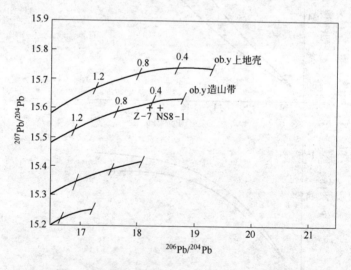

图 3-11　不同构造动力环境的$^{207}Pb/^{204}Pb$-$^{206}Pb/^{204}Pb$坐标图

将铅的同位素数据投于图中可以看出，矿化铅的投点位于造山带与地幔演化曲线之间，显示矿化铅主要来自地幔，而上地壳影响很小。

3. 模式年龄的计算和矿化年龄的讨论

地球是一个由 U、Th 和 Pb 均匀分布的封闭体系，其年龄为 T。那么铅同位素比值的增长可用下式表示：

$$\left(\frac{^{206}\text{Pb}}{^{204}\text{Pb}}\right)_t = \left(\frac{^{206}\text{Pb}}{^{204}\text{Pb}}\right)_0 + \left(\frac{^{238}\text{U}}{^{204}\text{Pb}}\right)(e^{\lambda^{238}T} - 1) - \left(\frac{^{238}\text{U}}{^{204}\text{Pb}}\right)(e^{\lambda^{238}T} - 1)$$

为了书写简便，令

$$a_0 = (^{206}\text{Pb}/^{204}\text{Pb}), \ b_0 = (^{207}\text{Pb}/^{204}\text{Pb}), \ c_0 = (^{208}\text{Pb}/^{204}\text{Pb})$$

$$\mu = (^{238}\text{U}/^{204}\text{Pb}), \ v = \mu/137.88 = {^{235}\text{U}}/{^{204}\text{Pb}}$$

$$w = \mu k = {^{232}\text{Th}}/{^{204}\text{Pb}}, \ k = {^{232}\text{Th}}/{^{238}\text{U}}$$

因此，任何 t 时的普通铅同位素比值可写成：

$$(^{206}\text{Pb}/^{204}\text{Pb})_t = a_0 + \mu(e^{\lambda^{238}T} - e^{\lambda^{238}T})$$

$$(^{207}\text{Pb}/^{204}\text{Pb})_t = b_0 + \frac{\mu}{137.88}(e^{\lambda^{235}T} - e^{\lambda^{235}T})$$

$$(^{208}\text{Pb}/^{204}\text{Pb})_t = c_0 + w(e^{\lambda^{235}T} - e^{\lambda^{232}T})$$

地球普通铅实际上是原始铅与不同比例的放射成因铅相混合的铅，它们的同位素组成除了与其产生的时间 T 有关外，还取决于原生体系的 μ 和 w 值。

凡是在 U-Th-Pb 体系中演化的普通铅，称正常铅。这种铅的增长遵循单阶段演化模式，始终保持封闭体系，即 μ 和 w 值恒定，所以也称单阶段铅。普通铅法测定的年龄，是普通铅从源区分离出来到现今的时间。

本区铅同位素组成、源区特征及模式年龄见表3-27。

辉锑矿中，普通铅从源区分离出来到现今的时间为 199.8366Ma，为晚三叠纪，印支晚期。据 B. R. 多伊，源区特征值与碎屑沉积相似。说明辉锑矿中的普通铅，是由古生界地层，于印支晚期地质事件带入浅部。

表 3-27　铅同位素组成、源区特征及模式年龄

编号	矿区	测定矿物	铅同位素组成			源区特征值				H·H 模式年龄/Ma
			$\frac{^{206}Pb}{^{204}Pb}$	$\frac{^{207}Pb}{^{204}Pb}$	$\frac{^{208}Pb}{^{204}Pb}$	$\frac{^{238}U}{^{204}Pb}$ (μ)	$\frac{^{232}Th}{^{204}Pb}$ (w)	$\frac{^{232}Th}{^{238}U}$ (k)	$\frac{^{235}U}{^{204}Pb}$ (v)	
NS8-1	甲勿池	辉锑矿	18.3720	15.6040	38.2600	9.47584	36.03539	3.80295	0.06872	199.8366
Z-7	甲勿池	花岗斑岩中热液型黄铁矿	18.1810	15.6020	38.3590	9.49343	37.48617	3.94864	0.06885	335.3426

资料来源：孙树浩。

热液型黄铁矿中的普通铅从源区分离出来到现今的时间为 335.3426Ma，为早石炭纪。源区特征值与碎屑沉积岩相似。说明热液型黄铁矿的普通铅，是从古生界地层中，由改造型花岗岩带到浅部。

四、流体包裹体地球化学

（一）联合村类卡林型金矿床

1. 流体包裹体的类型及其特征

矿床内原生流体包裹体主要分为两类：

（1）气液两相包裹体，多呈不规则状。甲勿池金矿包裹体直径一般小于 $3\mu m$，气液比一般小于 20%。店房坝金矿，气液两相包裹体直径一般为 $4\mu m$，气液比一般为 15%。

（2）三相包裹体，即水溶液相，CO_2 液相，CO_2 和 H_2O 的气相。多为不规则状。包裹体直径一般为 $3.6\mu m$，气液比 30% ~ 80%。

2. 流体包裹体的温度测定

（1）主期热液阶段。在主期热液阶段中，与黄铁矿、金及相关元素一起沉淀的石英，仅含有气液两相包裹体。甲勿池金矿气液两相包裹体的均一温度为 120 ~ 200℃，35 次测定结果的平均值为173℃。店房坝金矿气液两相包裹体的均一温度为150~190℃，5样次测定结果的平均值为166℃。

（2）晚期热液阶段和酸滤蚀变作用阶段。甲勿池金矿三相包裹体，气液比30%~80%。均一温度265~310℃，标志着热液进入了沸腾阶段。在气液两相包裹体中，测定到大量均一温度为205~320℃。58次样测定结果，平均值为237.66℃。

3. 红外光谱法测定石英包裹体化学组成的微细差别

石英气液包裹体中封存有不同盐度的水、CO_2和有机成分等。在红外光谱仪上测量石英包裹体中H_2O和CO_2在特征谱带上的吸收强度。

根据吸收强度计算石英包裹体中H_2O和CO_2的相对光密度D_{H_2O}和D_{CO_2}。

前人研究表明，不同成因类型金矿床的成矿物理化学条件有差异，红外光谱测定的相对光密度会有一定的反映。图3-12所示为不同金矿床中石英的红外谱图。

一般浅成金矿床中石英包裹体中H_2O的相对光密度值较高，可达2~15，而CO_2的相对光密度较低。

深成金矿床中石英包裹体中H_2O的相对光密度较低，为1.5~3，而CO_2的相对光密度较高。

变质热液金矿床中石英包裹体中H_2O和CO_2相对光密度都较低。石英中金的含量与CO_2相对光密度值关系密切。一般D_{CO_2}大于0.1的石英脉可构成有工业价值的金矿化。

本区甲勿池金矿，花岗岩中的石英，$D_{CO_2}=0.53$，$D_{H_2O}=5.4$。显示了深部可构成有工业价值的金矿化。

4. 流体包裹体的成分、盐度和密度

A　成分

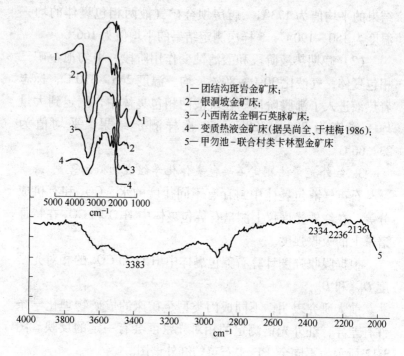

1— 团结沟斑岩金矿床;
2— 银洞坡金矿床;
3— 小西南岔金铜石英脉矿床;
4— 变质热液金矿床(据吴尚全、于桂梅1986);
5— 甲勿池-联合村类卡林型金矿床

图 3-12 不同金矿床中石英的红外图谱

甲勿池金矿点石英流体包裹体成分，测试结果见表 3-28。由表中知：

表 3-28 石英流体包裹体成分

| 样品编号 | 矿区 | 液相成分 w_B（$\times 10^{-6}$） | | | | | | |
		K^+	Na^+	Ca^{2+}	Mg^{2+}	SO_4^{2-}	F^-	Cl^-
JH29-1-1	甲勿池	413	2065	482	136	161	1056	1547
JHPD-2-3	甲勿池	120	1094	1605	498	937	477	3155
JH1001-4	甲勿池	740	500	190	190	300	50	130
JBPD-2-1	甲勿池	<10	170	10	10	300	20	170

样品编号	矿区	气相成分 w_B（$\times 10^{-6}$）						H_2O	F^-	Na^+
		CO_2	CH_4	CO	H_2	O_2	N_2	（$\times 10^{-3}$）	/Cl^-	/K^+
JH29-1-1	甲勿池	38658	921.5	0.0	14.7	0.0	0.0	2.51	0.7	5.0
JHPD-2-3	甲勿池	7925	182.2	0.0	34.9	0.0	0.0	2.119	0.2	9.1
JH1001-4	甲勿池	6239	91.92	3175	36.2	377.8	992.3	12.46	0.4	0.7
JBPD-2-1	甲勿池	3274	61.34	3178	103.6	378.2	2980	12.46	0.1	34

资料来源：孙树浩。

（1）流体气体成分以 H_2O 和 CO_2 为主，含 CH_4 和 H_2。液相组分中，阳离子含量由高而低，依次为 Na^+，K^+，Ca^{2+}，Mg^{2+}；阴离子富 Cl^-。

（2）F^-/Cl^- 比值为 0.1~0.7，说明矿液为热卤水成因，Na^+/K^+ 值为 0.7~34。

（3）还原参数为 0.7~3.19，平均值为 1.14，表明成矿物质的搬运介质，具有较强的还原性质，pH 值为 5.16，呈弱酸性。详见表 3-29。

表 3-29　甲勿池金矿流体包裹体的盐度、密度、
还原参数、成矿压力和深度

样品编号	还原参数	盐度 w_{NaCl} /%	成矿溶液密度 /$g \cdot L^{-1}$	成矿压力 /MPa	成矿深度 /m
JH29-1-1	0.07	7.89	0.87	62.5	2187
JHPD-2-3	0.16	10.26	0.89	75.0	2625
JH1001-4	1.12	5.36	0.84	27.0	945
JBPD1-2-1	3.19	0.73	0.83	—	—

B　盐度和密度

甲勿池金矿点的石英流体包裹体特别小，无法测定冷冻温度。盐度是根据包裹体成分计算出来的。盐度为 0.73%~10.26% NaCl，平均值为 6.06% NaCl。详见表 3-29。

利用盐度-均一温度-密度关系图解（图3-13），在获得相应均一温度下，具有某一含盐度流体的密度值。甲勿池金矿点成矿流体密度值为0.83～0.89g/L。

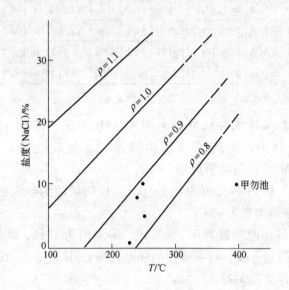

图3-13　盐度-均一温度-密度（ρ）关系

5. 流体包裹体的成矿压力

将流体包裹体的均一化温度和相应的密度投入 NaCl-H₂O 溶液体系的 *p-V-T* 关系图（图3-14），获得甲勿池金矿成矿压力为27～75MPa。

假设成矿作用发生于封闭体系中，测流体的压力应近似地等于上覆岩石的静压力。按照1个大气压/3.5m的岩石压力递增率计算，甲勿池金矿压力值，代表的深度约为945～2625m，说明成矿深度小于3km。

（二）阳山类卡林型金矿床

1. 流体包裹体类型划分

据赵百胜等资料，样品中石英和方解石中流体包裹体类

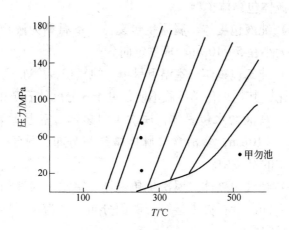

图 3-14　NaCl-H$_2$O 体系的 p-V-T 关系

（据 Г. Г. 列姆列英和 Л. B. 克列费佐夫，1961）

条件：盐度是 5% NaCl 溶液。

型丰富多样，根据室温状态下不同矿物中流体包裹体的相态，加热状态下的性状及产状特征，分为两种成因类型及 9 种物理状态类型：

（1）含 CO_2 三相包裹体，属原生包裹体。在所研究的石英样品中十分发育，室温下为三相（$L_{H_2O} + L_{CO_2} + V_{CO_2}$），均一状态复杂，有液相也有气相。大小为 10 ~ 20μm，充填度 0.8 左右，形状多样。

（2）富液 CO_2 两相包裹体，属原生包裹体。室温下呈两相（$L_{CO_2} + V_{CO_2}$），均一至液相，充填度约为 0.7，大小为 5 ~ 20μm，安坝 3 号含金脉群的石英中较发育，以椭圆形为主，呈群呈带分布。

（3）富液盐水包裹体，属原生包裹体。室温下为两相，均一至液相，充填度在 0.6 ~ 0.9 之间，形态以浑圆形、椭圆形为主，其次是负晶形，部分样品中见不规则状，是本区最发育的流体包裹体类型。

（4）纯液包裹体，属原生包裹体。室温下为液相，数量较少，大小在 $5\sim10\mu m$，成群定向分布。

（5）纯气包裹体，室温下呈单一的气相，冷冻至 $-145℃$ 尚未变化，其物理化学性质不明，见于3号脉体石英中。

（6）富液盐水包裹体，属次生包裹体。室温下为两相，大小为 $5\sim10\mu m$，多沿含金脉体微裂隙分布，见于3号、4号矿体中的石英中。

（7）纯液包裹体，属次生包裹体。室温下为液相，大小为 $5\sim14\mu m$，沿石英中显微裂隙面分布，多为椭圆形，沿长轴方向具定向性。

（8）富液盐水包裹体，属次生包裹体。室温下为两相，菱形，大小为 $5\sim10\mu m$，多沿方解石微裂隙面分布，见于3号、4号矿体的方解石中。

（9）单相盐水包裹体，属次生包裹体。室温下为液相，大小为 $5\sim10\mu m$，以菱形为主，少数呈不规则状，沿方解石微裂隙面分布。

从包裹体的类型来看，其类型多样，反映出成矿流体有多种来源，并经历了多个演化阶段。

2. 流体包裹体显微测温

本区测得均一温度数据近60个。均一温度分布范围为 $105\sim310℃$，总体显示3个峰值范围，从高到低依次为 $310\sim260℃$，$240\sim220℃$，$190\sim150℃$。区内305号主矿体也有3个温度集中区，由高到低依次为 $270\sim220℃$，$190\sim180℃$，$150\sim140℃$。

3. 流体包裹体的盐度

由冷冻法获得的盐度资料表明，阳山金矿床成矿流体盐度变化范围（w_{NaCl}）为 $1.6\%\sim10.6\%$。主要集中在 $1.6\%\sim6.5\%$。

4. 流体包裹体的密度和压力估计

在已获得的流体包裹体显微测温数据基础上，选取不同体系的相图投影，估计本区的流体密度为 $0.35 \sim 1.02 g/cm^3$。选用含 CO_2 三相包裹体，根据其镜下特征和相变特点，参考 CO_2-H_2O 体系相图（张文淮，1993），估计出阳山金矿 305 号脉的形成压力为 $40 \sim 80MPa$，若按 $27.5MPa/km$ 推算，成矿深度约为 $1.5 \sim 2.9km$。

5. 流体包裹体成分

据赵百胜等资料，阳山金矿床流体包裹体气相成分和液相成分，见表 3-30。

包裹体气相成分以 H_2O 和 CO_2 为主，H_2、CO、CH_4 等还原气体含量较低。利用流体包裹体成分分析资料获得 pH 值为 $6.71 \sim 7.1$，还原参数为 $0.009 \sim 0.05$，属于中性偏弱碱性和弱还原性环境。同时可见，CH_4 的含量变化较大，按 CH_4 含量可将其明显分成两类。可见成矿流体在成矿过程中，其还原性强弱发生了变化，这一变化可能导致了金的沉淀成矿。

流体包裹体液相成分中阴离子以 Cl^- 和 HCO_3^- 为主，贫 F^-，SO_4^{2-} 含量变化大；阳离子以 Na^+ 和 Ca^{2+} 为主。其中 Na^+/K^+ 值为 $1.37 \sim 199$，大部分小于 10，F^-/Cl^- 值为 $0.03 \sim 0.14$。根据 Rodder（1972）、张德会等（1998）的观点，并结合较低的盐度，判断成矿热液主要是地下热卤水。

在低温、低盐度、中到碱性 pH 值、高 H_2S 活度和较低的氧逸度的热液中，有利于金呈 $Au(HS)_2^-$ 配离子形式迁移。

从均一温度反映出包裹体形成于中低温环境。温度总体上呈 3 个峰值，而包裹体盐度测试结果也显示出 3 个峰值，两者有相似结构特征。清楚地反映出多阶段多期次成矿过程。主成矿阶段在 200℃ 左右。

表 3-30 阳山金矿床流体包裹体液相和气相成分

位置	样号	主矿物名称	液相成分 w_B（×10^{-6}）									气相成分 w_B（×10^{-6}）				
			K$^+$	Na$^+$	Ca^{2+}	Mg^{2+}	Li$^+$	F$^-$	Cl$^-$	HCO$_3^-$	SO$_4^{2-}$	H$_2$O	CO$_2$	H$_2$	CO	CH$_4$
高楼山矿段	GL$_3$	石英	10.10	16.29	8.44	7.12	3.150	0.20	24.50	140.0	28.2	1100.0	322.51	0.20	0.50	0.20
阳山矿段	ZK47-1	方解石	1.33	4.72	110.46	3.42	0.010	0.30	7.80	15.0	211.2	581.23	592.64	0.08	1.05	0.50
安坝矿段	An5-1-4	石英	7.16	11.63	4.51	1.12	3.110	1.00	17.10	11.0	71.0	1210.3	402.75	0.21	0.55	7.01
葛条湾矿段	葛1	石英	0.79	2.40	1.16	0.37	0.025	0.25	4.95	5.0	14.1	801.50	558.15	0.16	0.65	5.57
安坝矿段	ZK035-2	石英	1.59	3.01	1.57	0.373	0.005	0.24	5.45	1.40	5.0	150.0	44.0	0.06	0.05	0.02
安坝矿段	ZK035-8	石英	0.05	3.50	0.75	0.153	0.115	0.11	5.80	0.71	2.5	300.0	85.0	0.08	0.07	0.02
安坝矿段	ZH035-11	方解石	0.06	4.72	260.22	300.60	0.020	0.45	47.61	218.10	15.0	320.0	870.0	0.11	0.50	0.05
安坝矿段	ZK001-12	石英	0.97	5.91	0.17	0.100	0.170	0.33	8.01	0.50	0.2	780.0	400.0	0.17	0.07	0.02
安坝矿段	ABl1	石英	0.48	7.38	1.19	0.442	0.570	0.40	11.05	1.14	0.3	980.0	500.0	0.20	0.09	0.03
葛条湾矿段	402	石英	1.68	2.15	3.22	0.728	0.030	0.27	4.80	14.10	0.5	720.0	460.0	0.14	0.06	0.02

据参考文献[22]。

第六节　类卡林型金矿床的地质和地球化学特征

金矿类型的划分一般按成矿作用、容矿岩石、矿石矿物成分、热液蚀变等地质和地球化学特征。R. W. 博伊尔主张建立在地质环境和地球化学环境基础上的金矿分类。

《中国川北甘南类卡林型金矿床的地质—地球化学特征》一文，2005 年 3 月，作者首次发表，这个认识是有一个发展过程的。

"四川平武—南坪地区微细浸染型金矿成矿条件和矿床预测研究"于 1992 年 2 月 23 日完成。

《微细浸染型联合村式金矿的地质和地球化学特征》一文，于 1993 年 12 月发表。

2002 年 6 月，《甘肃阳山特大型金矿床地质特征及成因》一文中，认为阳山金矿应为叠加改造型微细浸染型金矿床。

新华网兰州，2007 年 9 月 15 日电，中国武警黄金部队十二支队奋战 10 年，在陕、甘、川三省交界的甘肃省文县阳山探获一座亚洲最大类卡林型金矿，累计探获黄金资源量308t。

至此，中国川北甘南类卡林型金矿床的定名和厘定、科学意义、巨大的经济价值，取得了国内、外广大金矿地质工作者的认同。

本区类卡林型金矿床，容矿岩石和成矿年代，与美国卡林型金矿床有区别，其他特征二者是相似的。本区类卡林型金矿床的主要特征有 12 条。

一、金矿床形成的大地构造位置

类卡林型金矿床形成于松潘-甘孜褶皱系、秦岭（华北）

褶皱系、扬子准地台，三个 Ⅰ 级构造单元结合部位。受勉略缝合带控制。控矿构造是构造窗边缘和脆性剪切带。

二、金矿床的矿石类型

矿石类型主要是黄铁矿化碎裂花岗斑岩型金矿石。S 型花岗斑岩形成年代为 199.28 ~ 199.42Ma，印支晚期构造阶段。成矿时代是在燕山构造阶段，距今 (137 ± 5) Ma。花岗斑岩发生了碎裂，为成矿溶液运移提供了条件。在 S 型花岗斑岩体内及其内、外接触带，金矿体的分布受侵位后的脆性剪切带控制，也存在少量蚀变砂岩型、蚀变千枚岩型和蚀变灰岩型金矿石。主要金属矿物是黄铁矿、辉锑矿，其次为磁黄铁矿、毒砂、雄黄、辰砂。主要脉石矿物是石英、斜长石、菱铁矿、方解石、白云母、绢云母、高岭土，其次有重晶石、硬石膏、黄钾铁矾、锰铝石榴石、绿帘石、锆石、磷灰石、萤石。

三、金矿床的热液蚀变特征

发育特征的热液蚀变，硅化，黄铁矿化，菱铁矿化，碳酸盐化，绢云母化。金矿浅部发育热液酸滤蚀变带。

四、金矿床微量元素组成特征

金、银、砷、锑、汞、铜、铅、锌、铊、硒、碲、钨、钼、钡低温元素组合及其丰度，与美国卡林型金矿基本相同。仅类卡林型金矿的砷和钡含量为卡林型金矿的 4 ~ 5 倍。金/银比值高，为 4 ~ 27。美国卡林型金矿有机碳含量高，为本区类卡林型金矿的 300 倍。

五、硫、碳同位素特征

稳定同位素数据，δ^{34}S 平均值为 + 7.2‰，以富集 ^{34}S 为

特征，说明硫来源于混合硫源。岩浆期后热液硫进入了成矿溶液。方解石的 $\delta^{13}C$ 平均值为 1.25‰，表明成矿热液中的碳主要来源于碳酸盐地层。石英流体包裹体中的 $\delta^{13}C$ 值，平均为 $-3.23‰$，反映富 ^{12}C 的有机碳加入了成矿溶液。

六、流体包裹体氢、氧同位素特征

一组石英 $\delta^{18}O$ 平均值为 23.95‰，石英包裹体水的 δD 平均值为 $-97.78‰$，在 $\delta^{18}O—\delta D$ 直角坐标图中，说明大气降水和岩浆期后热液加入了热卤水的循环。另一组石英脉的投影点，远离大气降水线，并比卡林金矿 $\delta^{18}O$ 和 δD 值偏高。说明被加热的水，与硅酸盐、碳酸盐岩石发生同位素交换，残存的富 ^{18}O 的盆地卤水掺入成矿溶液，使 δD 和 $\delta^{18}O$ 同时得到富集。

七、金矿床形成的温度

类卡林型金矿体，主要在主期热液阶段形成，均一温度平均值为 173℃。晚期热液阶段和酸滤蚀变作用阶段，均一温度为 265～310℃，标志着热液进入了沸腾阶段。

八、流体包裹体的成分

流体气体成分以 H_2O 和 CO_2 为主；含 CH_4 和 H_2 液相组分中，阳离子含量由高而低，依次为 Na^+、K^+、Ca^{2+}、Mg^{2+}；阴离子富 Cl^-，还原参数为 0.05～1.14，成矿介质的还原性，在成矿过程中会变化，还原性较卡林型金矿更强。Na^+/K^+ 比值为 5～34，F^-/Cl^- 比值为 0.1～0.7，表明矿液主要为热卤水成因。盐度为 6.06% NaCl，成矿压力为 27～75MPa。成矿深度 945～2625m。pH 值为 5.16～7.1，Eh 值为 -0.48，成矿介质呈弱酸性至弱碱性。成矿流体密度为 0.83

~0.89g/L。

九、铅同位素特征

辉锑矿和热液型黄铁矿的普通铅同位素比值，投影于动力演化模式图中，显示矿化铅主要来自地幔，而上地壳影响很小，反映了金等成矿元素来自地壳深部。

石英脉中的黄铁矿含铂0.52%（电子探针），说明低温条件下，铂元素有运移富集。

十、燕山期岩浆期后热液，掺入了成矿作用

金矿石微量元素R型因子分析说明，金与钨存在成因关系。揭示燕山期岩浆岩不仅是本区类卡林型金矿成矿作用的热源，而且岩浆期后含金、钨等微量元素的热液，掺入了热卤水循环的成矿作用。

十一、金矿床中金的赋存状态和金的粒度

金矿石中，金矿物粒径小于$0.1\mu m$。单体金呈胶体吸附金存在于黄铁矿、菱铁矿、方解石、石英的微裂隙中或其表面上，单体金占总含金量的91.6%。在碳酸盐矿物、硅酸盐矿物、硫化物矿物、石英中的包裹金为胶体分散金，占总含金量的8.4%。化学物相分析结果，该矿石为易选矿石，氰化浸出率在90%以上。

十二、归类为浅成低温的造山带型金矿床

本区类卡林型金矿与卡林型金矿床，同归类为浅成低温的造山带型金矿床。

第四章 成矿条件

第一节 含金地质建造分析

在川北，作者首次（1989年）运用含金地质建造概念，探索成矿物质来源及演化。在一定的地质条件下，成矿前业已形成，尔后的成矿过程中，对金矿提供矿源的一些地质体，称为含金地质建造。

一、原生含金地质建造

（一）碧口群和通木梁群

川北甘南，不同地质单元，但几乎同时形成的前震旦系通木梁群和碧口群，为两个深海-半深海相复理石、细碧角斑岩建造。碧口群和通木梁群，为本区的两个原生含金地质建造。

（二）原生含金地质建造的含金性

（1）碧口群的含金性。表1-14列出了碧口群原生晕金含量（w_{Au}）为14.3×10^{-9}。原冶金工业部西南地勘局605队提供的219件样品中，含金（w_{Au}）平均值为12.8×10^{-9}，比地壳克拉克值高出2倍多。如按1985年泰勒提出的上陆壳含金量（w_{Au}）1.8×10^{-9}对比，高出7~8倍。如按$w_{Au} = 14.3 \times 10^{9}$含量计算，每$1km^3$体积中含金37.5t。碧口群在四川北部，出露长约45km，宽约5km，按延深1km计，金总量为8437t。即使这些金1/10被活化，活化的金1/2富集成矿，潜在金资源量为422t。

（2）通木梁群含金性未经系统查定，仅有通木梁铜矿勘探时的资料可以借鉴。光谱半定量分析含金小于 200×10^{-9}。取组合样品 5 件，经化学分析，平均含金（w_{Au}）为 102×10^{-9}。青川酒家垭一带出露的志留系茂县群毛塔子组，现已被一些研究者确定为通木梁群顶部层，其中碎屑岩、斑点千枚岩及钾长粗面岩等 39 件样品。平均含金量（w_{Au}）为 68.7×10^{-9}。通木梁群本身属岛弧型火山岩和复理石建造，其上部建造有这样高的含金量，足以为尔后形成的含金建造和金矿提供成矿物质。

（三）原生含金地质建造中金的活化迁移作用

前震旦系碧口群中的金，活化迁移进本区类卡林型金矿床。

1. 岩浆作用

前人在研究碧口群时发现，在印支期花岗岩侵位处，金含量跳动剧烈，含量为 $1 \times 10^{-9} \sim 17 \times 10^{-9}$。平武水晶一带，变火山岩型金矿点密集成群，向西侧渐次减少，这种现象与虎牙附近燕山期酸性侵入体有关。

2. 变质作用

岩石背金矿点碧口群岩石中金含量变化见表 4-1。

表 4-1　岩石背金矿点碧口群岩石中金含量变化

岩石类型	南侧蚀变岩		次生石英岩	北侧蚀变岩		
	绿帘绿泥石岩	碳酸盐蚀变岩		碳酸盐蚀变岩	绿帘绿泥石岩	绿泥绢云母千枚岩
样品件数	22	10	22	14	22	61
平均含金 $w(Au)$	0.025×10^{-9}	0.23×10^{-9}	1.73×10^{-9}	0.28×10^{-9}	0.034×10^{-9}	0.044×10^{-9}

由表 4-1 知，金在变质形成的石英岩中，含金最高，向两侧逐次降低。

3. 挽近地质作用

准平原化是川北甘南地区目前最强烈的地质作用。在地史发展过程中，也曾在早古生代发生过准平原化，晚古生代末发生过类似的剥蚀、沉积作用。因此，挽近发生的地质作用可以代表碧口群处于剥蚀时的近似状态。碧口群分布区的岩石背金矿点中的金，多为不可见金，然而距其矿体平距300m，高差200m处的水晶砂金矿床中的金粒确增至0.2～1mm。说明碧口群中的金，在挽近地质作用下，既可以迁移，也可以长大其颗粒体积。反溯其他地质历史期，碧口群地层中的金也有迁移作用的发生。

二、次生含金地质建造

（一）区域次生地质建造厘定

在对川北志留系茂县群的研究中，对茂县群上部岩组，多项元素的 R 型因子分析中，发现斜主因子模型中，主因子富集 K_2O、Na_2O、Fe_2O_3、S、Ba、Cu、V、C、Au、Ag、As、Sb、Hg。根据聚集在一个因子的变量，存在因果关系的原理，显然 K_2O、Na_2O、Ba、Cu、S、V、Fe_2O_3、C 变量组合，与 Au、Ag、As、Sb、Hg 变量组合，存在因果关系。而 K_2O、Na_2O、Ba、Cu、S、V、Fe_2O_3、C 属细碧岩元素组合。因此推断，川北甘南的前震旦系碧口群和通木梁群，经风化剥蚀向志留系茂县群地层，补给了 Au、Ag、As、Sb、Hg 等元素。

通过进一步地研究，确认志留系茂县群是本区类卡林型金矿的次生含金地质建造。

出露于摩天岭地背斜的下泥盆系石坊组，是一套黑色岩系夹基性火山岩。岩石中的有机碳（0.3%～5.0%）对金有吸附作用，也是本区类卡林型金矿的次生含金地质建造。

（二）建造的含金性

四川北部部分时代层位微量元素统计见表4-2，部分时代地层及建造金平均含量见表4-3。

表 4-2　四川北部部分时代层位微量元素统计

地层	样品数	$w_B/g \cdot t^{-1}$													
		Au	As	Mn	Cu	Pb	Zn	Cr	Ni	Co	V	Ti	B	Ba	Ag
志留系茂县群	88	9.75×10^{-9}	3.2	669	55	73	101	47	26	8.9	46	3135	62	<500	<0.1
寒武系($\epsilon_1 q \epsilon_1 y$)	105	8.9×10^{-9}	4.8	1904	82	70	157	78	60	12	232	2324	85	3683	0.9
上震旦统（Zbh）	32	8.2×10^{-9}	2.9	686	33	24	86	66	45	57	106	2378	106	911	0.1
碧口群	219	12.8×10^{-9}	4.5	1413	74	18	100	57	51	41	98	2902	22	<500	<0.1
通木梁群	5	102×10^{-9}	<30	490	3540	111	2765	33	56	126	77	2583	27	3611	3.6

资料来源：西南冶金地质勘探公司602队、605队。通木梁群，样品数 Au 为 5 件，其余样品数为 23 件。

表 4-3　四川北部部分时代地层及建造金平均含量（w_{Au}）

时代地层	D₁S		D₂¹		C		T₂zg		T₃z		地区均值	
岩石类别	样品数	金含量	样品数	金含量	样品数	金含量	样品数	金含量	样品数	金含量	样品数	金含量
板　岩	40	2.38	5	2.40	6	1.33	2	7.25	9	2.70	62	2.49
灰　岩	13	5.08	20	3.65	19	2.29	4	4.38	18	5.31	74	4.00
砂　岩	37	6.53	5	1.80	3	1.00	6	9.75	2	3.00	53	6.00
时代地层均值	90	4.48	30	3.13	28	1.95	12	7.54	29	4.34	189	4.06
花岗斑岩	14	13.25	8	3.68	6	13.83	1	3.50			29	10.40
建造平均值	104	5.66	38	3.25	34	4.04	13	7.23	23	4.34		

注：表中数据为（w_{Au}）$\times 10^{-9}$。

由表 4-2 和表 4-3 知，志留系茂县群金含量是除原生含金地质建造以外最高者。下泥盆统（D_1S）时代层位含金量（w_{Au}）为4.48×10^{-9}，而建造平均含金量（w_{Au}）为5.66×10^{-9}。

（三）金在建造中的活化迁移作用

金在茂县群中的活化迁移作用已被区内形成的金硐沟金矿、区外的马房窝金矿的形成机理所证实，它们都产于含金较高的茂县群上岩组发育的层间韧性剪切带的石英脉中。

下述几点，证明了金在下泥盆石坊组的活化迁移。

（1）岩浆作用。石垭子梁印支早期，二长花岗岩侵位处，石坊组地层中金含量急剧跳动，金含量为$1.5 \times 10^{-9} \sim 15 \times 10^{-9}$。

（2）构造作用。构造对金的活化迁移作用，主要表现在断裂构造或脆性剪切带、层间破碎带对金的分散和富集作用。在Ⅰ、Ⅱ级构造破碎带内，例如白马主断裂、对肠沟断裂等导矿构造，含金一般均在1×10^{-9}，最高仅为3×10^{-9}。一旦进入脆性剪切带不同类型岩石内，金含量可达$(7 \sim 133) \times 10^{-9}$。水牛家平行白马断裂的次级破碎带则形成工业金矿体。松潘沟虎牙断裂通过处金含量小于3×10^{-9}。距离其数十米的层间破碎带则有大于5g/t的金工业矿体。显示了金从断裂破碎带向脆性剪切带、次级层间破碎带运移的特征。

（3）变质和蚀变作用。区域变质程度在四川北部，表现均为低级变质相，金的运移方向不明显。动力作用表现出由强至弱，含金量呈升高趋势。

蚀变作用，四川北部最常见的蚀变为石膏化、重晶石化、绢云母化。在矿化体上则发育硅化、高岭土化、碳酸盐化、黄铁矿、重晶石化、石膏化、绢云母化等叠加。单独发育石膏化、重晶石化、绢云母化时，金往往被带走。当与其他蚀变叠加时，金会富集。

（4）挽近地质作用。四川北部凡有砂金矿床处，其上游必分布有碧口群地层，通木梁群地层，茂县群地层。

（5）根据建造中被活化地区 30 件样品平均含金量值与建造均值之差，除以建造含金均值，得出 66% 的活性金比量值。说明本建造中的金，大部分可被活化、迁移。

（四）金等成矿物质的来源

金等成矿元素从原始矿源层转移到原生含金地质建造，再转移到次生含金地质建造，通过燕山期发生的热卤水溶滤作用，在适宜的构造和物理化学条件下成矿。

川北甘南的类卡林型金矿和卡林型金矿，虽由印支晚期岩浆岩提供了部分物源，但因该期岩浆岩系由深部地质建造经改造而成，又因其活动范围的局限性，它提供的物源是极其次要的。

作者强调次生含金地质建造，是川北甘南类卡林型金矿和卡林型金矿的成矿物质的主要提供者。主要依据是：金的丰度相对稍高；变异系数大，常与 As、Sb、Hg 形成组合；矿区与外围出现正负配套异常；是一套含硫含炭和沥青的黑色建造，具有金的还原条件；建造中活化金比值高等。

第二节　成矿的热动力条件

一、岩浆活动

前已论述，川北甘南类卡林型金矿的成矿作用，主要发生在燕山期。这里只从热动力角度论述燕山早期侵入岩与区域类卡林型金矿的关系。作者认为因火成活动出现的高温区到低温区之间有一个中温区，其出现次序是高温 W、Sn→中温 Fe、Mn、Au→低温 Au、As、Sb、Hg。在纵向上也应有自岩浆岩（高温）经中温到低温的演化。区内类卡林型金矿和卡林型金矿，多有沿区域断裂的次级构造或脆性剪切带分布的现象，使我们有理由推测，由浅及深为一个低→中→高温的演化区。这些成矿构造带，实质上是火成活动形成的热流异常带，它作为一种热源，当转换为热动能时，促使含矿溶液和流体循环系统的形成。

二、构造动能

由于川北甘南地区，地处台、槽交界处，因而在其边界，广泛发育由槽区指向台区的大规模推覆构造带。在推覆构造形成过程中，伴随着机械能向热能的转换，这无疑会对与此相关的岩浆岩活动、成矿作用产生较大影响。

推覆构造带中的推覆断裂在形成阶段具有很高的能量（动能），当其上盘沿着剪切滑移面逆冲推覆时，产生强大推力（该力来源于板块活动、碰撞的陆内汇聚挤压力），在此推力和推覆体重力分力的联合作用下，产生巨大的摩擦力形成大量摩擦热，使其温度急剧上升，乃至可达产生花岗岩浆的熔融温度。

川北甘南出露的 S 型花岗岩及推覆断裂带中的糜棱岩（化）等，都是剪切作用引起的产物。壳源改造型花岗岩和糜棱岩的形成，为高温强应变力作用的体现。

剪切滑移过程不仅使机械能转变为热能，而且，直接使某些岩石、矿物构造错位，熔点降低；并使脆性岩石破裂，形成脆性剪切带，便于矿液渗流沉淀。

三、古地温梯度

镜煤反射率（沥青）测定：早泥盆世地温梯度为 5℃，晚三叠早期为 6.5℃。距主成矿阶段燕山期较近的地史期，地温梯度高，反映了荷叶裂谷闭合后的温度梯度值；这样高的梯度，地表以下 3km，即接近 200℃，对成矿提供了可信的热动力条件。

第三节　成矿的构造条件

一、特殊的大地构造环境，决定了区域长期遭受挤压以及对成矿的意义

扬子板块、塔里木—中朝板块和印度板块等三大板块相互推挤的应力，使本区长期处在挤压的状态。这种构造环境不仅决定了区域构造发展、构造形式和格局，而且对区域成矿也有决定性的作用。

（1）可造就不同几何形态的导矿（岩）、容矿空间。因挤压力的多方向性和多期次性，当后期挤压叠加在已形成的断裂时，就会出现不同的情况，或沿原构造继续走滑或切穿原构造，使构造向张性转化。联合村等处导矿主断裂，走向上出现膨缩，且构造透镜体出现。

（2）多期次、多方向性的挤压作用，可使构造发生复合，甚至出现对导矿和储矿，都十分有利的"构造结"。松潘沟金矿点，其富厚矿体即位于雪山、虎牙两大断裂截合部位的构造结附近。

（3）长期挤压作用，可使能量积累，当能量转化为热能时，可推动金矿热液的循环、渗滤作用。当挤压发生在底部滑脱面附近时，能量的转换可重熔岩石，生成改造型岩浆并促其向浅部侵位，为含矿热水提供"热泵"。

（4）由于挤压作用的脉冲性质，可使地壳局部造成压力差和温度差，促使矿液由高压、高温处向低压、低温处

运移。

（5）压（扭）性断裂形成的破碎带，处于一个半封闭的环境里，可以出现局部的还原条件，使高硫低氧矿物有充足的时间交代、沉淀。这类构造往往发生于不同岩石的界面附近，它既是物理界面，又是不同地球化学环境的过渡面，这种环境对金的沉淀有利。

（6）因挤压而产生的推覆体内，经剥蚀而形成构造窗。当推覆体未剥蚀前，推覆体滑脱面成为由深部上移的成矿物质的构造屏蔽层。成矿物质得以在这一特定环境下聚集成矿。

二、导（岩）矿构造

（一）导（岩）矿构造特征

绝大部分导矿构造是控制两侧沉积岩相的同沉积构造或二级构造单元的边界断裂，它控制了构造窗的界线；单一的导矿构造少见，一般均具有导岩（浆岩）、导矿的双重作用；构造旁侧常有汞、锑、砷、金等低温矿点、重砂或分散流异常，它们大都处于导矿构造的派生断裂带上。

（二）导（岩）矿构造分述

自北向南有：

（1）洋布梁子断裂，位于南坪县最北端，走向 NW，倾向 NE。系降札推覆体前缘断裂，是控制马脑壳金矿带的导矿构造。

（2）松柏—梨坪和荷叶—玛曲断裂，在四川南坪县境内，走向 NW，倾向 NE，向东延至甘肃文县，形成向南凸出的弧形断裂，再向东延至阳山，这两条断裂走向转为 NE 向。这两条断裂属摩天岭推覆体后缘断裂。它们既是导矿构造，也是导岩（火山岩、岩浆岩）构造。断裂带两侧有金、砷、锑、汞矿点。

松柏—梨坪断裂以南，分布联合村剪切带和阳山剪切带。它们都是区域导矿（岩）构造派生的次级导矿（岩）构造。印支期主滑脱面上的热能，熔化部分岩石成为再生岩浆，沿剪切带上升至浅部。后期（燕山期）剪切作用继承了早期形成的剪切方向，使岩脉发生剪切裂隙，含矿溶液即从这种裂隙（或断裂）中上升，把成矿元素搬运至容矿构造中，沉淀成矿。

（3）雪山断裂，分布于四川南坪县中西部，延长数公里，走向 E—W，倾向 N。该断裂带共有 Hg、As、Au 异常 28 个，区内有松潘沟金矿点及酸性岩脉侵位。

（4）虎牙断裂，自银厂沟向北至松潘沟与雪山断裂截合止，长约 70km，走向 S—N，向 E 陡倾。在这个断裂带上有银厂沟、七条路、西望堡、松潘沟等金、砷矿点及 As、Au、Sb、Hg 异常。

导矿构造最显著的特点是，主断裂破碎带基本不含矿，含金量比区域平均含量值低。

三、容矿构造

脆性剪切裂隙带，一般均出现在剪切带中压扭性断裂一侧（联合村），或与断裂有一定的距离（甲勿池）。其构造配套系统是：Ⅱ级压扭性断裂控制了剪切带，深部有与剪切作用同步产生的韧性剪切带或岩浆房，并控制了岩脉的侵位，Ⅲ级压扭性断裂系后期剪切作用形成，与Ⅱ级断裂共同组成导矿（岩）构造，且使早期侵位岩脉边部或中部受挤压，形成容矿剪切裂隙带（图4-1）。

这种容矿构造为走向不同、倾角各异的多组共轭压性、

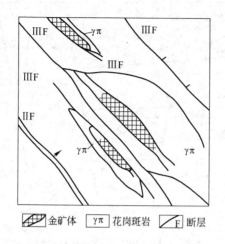

图 4-1　川北甘南脆性剪切裂隙带、容矿构造

（据参考文献〔1〕）

压扭性及张性节理组成，在裂隙面上常见黄铁矿、辉锑矿等细脉，伴有脉石英、方解石等。较典型的容矿裂隙见于甲勿池，五组节理产状分别为 360°∠85°，330°∠40°，230°∠28°，230°∠16°，200°∠85°（图 4-2）。

容矿构造的一般特征：

（1）分布与区域Ⅰ、Ⅱ级构造一致，在其旁侧数十至数百米处，一般距离不太远；为其派生构造。

（2）力学性质多为压扭性，呈逆冲式断裂。张性构造对容矿不利，且可能为成矿后构造。

（3）容矿构造一般长数百米至数十公里，宽数米至数十米。多为纵向构造，地表常呈层间性质，深部则可能为断裂切穿，或交于区域导矿构造上。

（4）容矿构造常为破碎带，或具糜棱岩化现象。宽数米至数十米。劈理、构造透镜体流动形变发育。

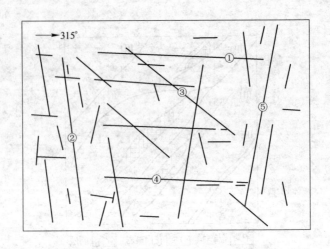

图 4-2　甲勿池 PD_{5-1} 花岗岩剪切节理素描图

（据参考文献［1］）

①—230°∠28°；②—360°∠85°；③—330°∠40°；

④—230°∠16°；⑤—200°∠85°

第四节　成矿的物理-化学条件

一、成矿温度

川北甘南类卡林型金矿形成温度较低，属低温。主期热液阶段，联合村金矿气液两相包裹体均一温度平均值为173℃，阳山金矿流体包裹体均一温度 150～250℃。

晚期热液阶段和酸滤蚀变作用阶段，甲勿池金矿气液两相包裹体均一温度平均值为237℃。

二、成矿压力

甲勿池的成矿压力金矿为 27～75MPa，相应成矿深度约为 0.945～2.625km。

三、矿液盐度

成矿流体的盐度，联合村金矿为 0.73% ~ 10.26% NaCl；阳山金矿为 1.6% ~ 6.5% NaCl。

四、成矿介质为弱酸性至弱碱性

联合村和阳山类卡林型金矿，pH 值为 5.16 ~ 7.1。从早期至晚期和酸滤阶段，成矿介质呈弱酸性至弱碱性。

五、还原参数

流体包裹体成分反映的还原参数，联合村金矿为 0.07 ~ 3.19。氧化-还原电位为 -0.48。

六、成矿受硫逸度影响

联合村类卡林型金矿 $\log f_{O_2}$ 为 -38.88，$\log f_{CO_2}$ 为 0.39，$\log f_{CO}$ 为 -4.29，$\log f_{CH_4}$ 为 -0.69，$\log f_{H_2}$ 为 -1.57。从根据矿床主要硫化物共生组合，利用热力学原理编制的硫-氧逸度图解中可以看出，联合村金矿时的 $\log f_{S_2}$ 为 -18.164 ~ 18.854，其总的特点是，硫逸度范围较窄，说明成矿受硫逸度影响。

七、矿液为热卤水成因

类卡林型金矿 F^-/Cl^- 比值为 0.1 ~ 0.7，表明矿液为热卤水成因。甲烷含量为 61.34×10^{-6} ~ 921.5×10^{-6}。

第五章 成矿作用和成矿模式

第一节 成矿作用

一、成矿流体的形成

（一）成矿物质来源

1. 同位素组成提供的信息

（1）本区热液变质黄铁矿、重晶石的 $\delta^{34}S$ 平均值为 $+7.2‰$，说明其以富集 ^{34}S 为特征，硫来源于混合硫源。除适当温度、pH 值和 f_{O_2} 的热泉，将矿源层中的成岩成因黄铁矿硫运移上来外，岩浆晚期热液中的硫也是一个硫源。

（2）流体包裹体的氢、氧同位素值落于岩浆水和变质区之外，具有明显"漂移"雨水线的特点，表明成矿的水溶液主要为与岩层发生过同位素交换的大气降水，也有原始盆地封存卤水的加入。

（3）方解石 $\delta^{13}C$ 平均值为 $0.5‰$，表明成矿热液中的碳主要来源于碳酸盐地层。石英流体包裹体的 $\delta^{13}C$ 平均值为 $-3.23‰$，反映富 ^{12}C 的有机碳加入成矿溶液。

（4）在铅同位素演化模式中，矿化铅投点位于造山带与地幔铅演化曲线之间，显示矿化铅主要来自地幔，而上地壳影响很小。辉锑矿普通铅从源区分离出来到现今的时间为 199.8366Ma（印支晚期）。据 B. R. 多伊，源区特征值与碎屑沉积岩相似，说明辉锑矿中的普通铅来自于地层中。

2. 流体包裹体提供的信息

主期热液阶段和晚期热液阶段的石英，其流体包裹体成分中 CH_4 含量高达 921.5×10^{-6}，仍有足够量的金进入溶液。在反应生成的 $NaCl—CO_2$ 溶液里，Si、K、Ca、Ba 含量可达 100×10^{-6}；As、Mg、B、Fe 含量达 $n \times 10^{-6}$；Sb、Sr、Te、Pb、Cu 达 0.17×10^{-6}；Hg 为 0.07×10^{-6}。实验充分证明，在一定的温度、压力条件下，含 NaCl 卤水对金和有关元素确实具有明显的溶解性。

正如前述，受燕山期岩浆热液体系末端的影响，含金、钨等成矿元素的岩浆期后热液掺入热卤水循环的成矿作用。印支期岩浆岩及其围岩中的铜、铅、钼可被热卤水汲进成矿溶液。

二、金等元素在流体中的主要形式

金具有很强的配合倾向，能与多种配位体结合，形成稳定的配阴离子，因此金的配合物是金在热液中迁移的主要形式。实验和包裹体研究表明，在成矿溶液中，$(HS)^-$、Cl^-、S^-、$(OH)^-$、$(S_2O_3)^{2-}$、$(CN)^-$、$(CNS)^-$ 等阴离子都可以作为金活化迁移的有效配位团。当金离子和配位基团配合时，会放出大量的配合能，这些配合能在很大程度上能够补偿金电离时所消耗的电离能，从而使金的实际氧化还原电位大大降低，使其容易从固态中溶解浸出。从而，金的活化迁移并不需要高的氧逸度，只要有合适的配位离子存在，即使在较低的氧逸度条件下，仍然能够从稳定状态中活化出来，并进行有效的迁移。

当代对金地球化学热液性状的研究表明，在类卡林型金矿和卡林型金矿流体性质的溶液中，金主要是硫氢配合物（$[Au(HS)_2]^-$）形式迁移。为了证实这一认识，郑明华等对溶液中可能存在的四种易溶配合物形式进行了溶解度计算，所采用的化学反应方程式及计算结果见表 5-1。

表 5-1　金配合物溶解度

序号	化学反应方程式	金配合物溶解度 /mol·L⁻¹	矿化主期取 $t=180℃$ pH=5.68 $\log f_{O_2} = -39.87$ $\log a_{\Sigma S} = -4.67$ $\log a_{\Sigma Cl} = -3.88$	矿化主期取 $t=150℃$ pH=6.00 $\log f_{O_2} = -43.52$ $\log a_{\Sigma S} = -8.30$ $\log a_{\Sigma Cl} = -3.88$
1	$Au_{(s)} + H_2S_{(aq)} + HS^-_{(aq)}$ $\Longrightarrow [Au(HS)_2]^-_{(aq)} + H_{2(g)}$	$\log a[Au(HS)_2]^-$	-10.84	-17.48
2	$2Au_{(s)} + H_2S_{(aq)} + 2HS^-_{(aq)}$ $\Longrightarrow [Au_2(HS)_2S]^{2-}_{(aq)} + H_{2(g)}$	$\log a[Au_2(HS)_2]^-$	-16.61	-25.97
3	$Au_{(s)} + 2Cl^-_{(aq)} + H^+_{(aq)} + \dfrac{1}{4}O_{2(g)}$ $\Longrightarrow AuCl_2^-_{(aq)} + \dfrac{1}{2}H_2O_{(l)}$	$\log a[AuCl_2]^-$	-21.30	-22.97
4	$Au_{(s)} + 4Cl^-_{(aq)} + 3H^+_{(aq)} + \dfrac{3}{4}O_{2(g)}$ $\Longrightarrow [AuCl_4]^-_{(aq)} + \dfrac{3}{2}H_2O_{(l)}$	$\log a[AuCl_4]^-$	-57.30	-61.02
5	溶液中金的总溶解度	$\log a_{\Sigma Au}$	-10.84	-17.48

注：1. 在反应方程式中，s 为固态；g 为气态；aq 为水合离子；l 为液态；a 为水合离子的活度。
　　2. 据郑明华，矿床地质，第 9 卷第 2 期，1990。

由表中可以看出，无论是矿化主期或晚期，矿液中金的搬运方式，主要为硫氢配合物 $[Au(HS)_2]^-$，它在各金—配离子总和中所占的份额高达 99.99% 以上；而 $[Au_2(HS)_2S]^{2-}$ 和金的氯配合物 $[AuCl_2]^-$、$[AuCl_4]^-$ 在热液中都不会产生重要意义的搬运。

银、砷、锑、汞、铊也是形成可溶解的硫氢配合物，存在于热卤水中。

在还原条件下的热卤水中，硫酸钡呈液态。然而在氧化条件下，硫酸钡便呈固态了，因而在氧化带出现了重晶石。

三、成矿流体的运动

溶液受侵入体和异常地热影响，温度得以升高，一方面加速汲取矿源层中的元素，另一方面导致其本身密度降低，体积膨胀，内部压力增大，并与周围形成强烈的压力差，这种压力（温度）差，促使溶液产生流动。由于深部温度、压力一般较高，其流动的总趋势必然是向上流向浅部。断裂破碎带是岩层中的高渗透带，也是能量消减带，因而无疑是深部承压流体向上运移的最集中地带，是矿液运移的主要通道。含矿热液沿断裂带向上流动，下渗天水源源不断地进行补充，这样就构成了一种热液对流循环系统。

花岗斑岩中的脆性剪切带，部分碳酸盐岩和细碎屑岩中的脆性剪切带，是含矿热卤水向上运移的通道。

含矿热卤水运移过程中，易挥发的组分如 CO_2 和 H_2S，可能运移到地表氧化环境。H_2S 被氧化后，在局部产生硫酸（H_2SO_4）。含矿热卤水迁移之初，其速度是较缓慢的。含矿热卤水迁移的速度越慢，它从还原带中带出的金越多。数十万年或数百万年，形成类卡林型金矿床，并可能发生几幕金的活化和沉淀。

四、元素的沉淀

矿液沿脆性断裂或脆性剪切带上升到一定部位，由于物理-化学环境，主要是温度、压力、Eh、pH、硫逸度、氧逸度、组分浓度的变化，使配合物的稳定性受到破坏，而析出金和有关元素。元素由活动（迁移）状态进入稳定状态，也就实际完成了矿化的定位。

氧化作用是金矿床形成的有效作用过程。在图 5-1 中，说明金的硫氢配合物的溶解度与氧逸度呈明显的线性函数关系。在 250℃，质量摩尔浓度 NaCl 为 1.0mol/kg，S 为 0.01mol/kg，pH = 5，$p_{CO_2} = 0.1$MPa 条件下，$\log f_{O_2}$ 低于 -34.9 时，$[Au(HS)_2]^-$ 的溶解度随氧逸度增高而增加。在此时，磁黄铁矿、黄铁矿已经结晶沉淀出来。并在 $\log f_{O_2}$ 为 -34.9 ~ -33.0时，石墨生成。当 $\log f_{O_2}$ 值高于 -34.9 时，$[Au(HS)_2]^-$ 溶解度急剧下降，金矿物沉淀下来。此时，硫酸盐矿物和碳酸盐矿物，以及铁的氧化物沉淀出来。含甲烷的类似溶液由于氧化作用将产生碳的沉淀物。当热液活动继续进行时，重结晶将生成分散的粒状金矿物。这一过程与联合村类卡林型金矿床中所观察到的现象是一致的。伴随着菱铁矿化、方解石化、重晶石化、硬石膏化，黄钾铁矾化，金沉淀下来。金主要呈胶体吸附金存在于黄铁矿、石英、绢云母、菱铁矿、方解石微裂隙或其表面。部分金呈胶体分散存在于碳酸盐矿物、石英、硫化物、硅酸盐矿物内，呈包裹金。在 $\log f_{O_2}$ 值大于 -33.0 氧化条件下，$[AuCl_2]^-$ 的溶解度随氧化作用增强而增大，$[AuCl_2]^-$ 成为金的主要运移形式。

以下列举几个金和主要伴生元素沉淀的反应式。

成矿热液的酸碱度（pH 值）发生变化，如酸度降低：

$$[Au(HS)_2]^- + (OH)^- \longrightarrow Au\downarrow + H_2O + SO_2$$

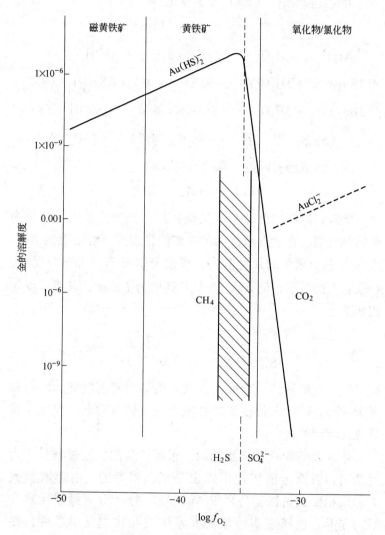

图 5-1　在 250℃，pH = 5，CO_2（CH_4）为 0.1MPa 条件下，

氧逸度对计算的金溶解度图

（据 S. B. Romberger）

（条件：250℃，1.0mol/kg NaCl，0.01mol/kg 硫，pH = 5，p_{CO_2} = 0.1MPa）

氧化-还原条件（Eh）发生变化：

$$[Au(HS)_2]^- + e \Longrightarrow Au + 2(HS)^-$$

$$Na_2HgS_2 + H_2O(o) \longrightarrow HgS(辰砂) + NaOH + (s)$$

$$2Na_3AsS_3 + 3H_2O(o) \longrightarrow 2AsS(雄黄) + 6NaOH + (s)$$

$$2Na_3AsS_3 + 3H_2O(o) \longrightarrow As_2S_2(雌黄) + 6NaOH + (s)$$

$$[Sb_2S_4]^{2-} + 2O_2 \longrightarrow Sb_2S_3(辉锑矿) + (SO_4)^{2-}$$

成矿热液压力降低，氯组分减少：

$$AuCl_2 \longrightarrow Au + Cl_2\uparrow$$

此外，热液中已经析出的硫化物，如黄铁矿，也可作为金的沉淀剂。含金溶液贯入黄铁矿的微裂隙，解络出的 Au^{1+} 或 Au^{3+} 具有很强的氧化能力，可以分别与 Fe^{2+} 和 S_2^{2-} 反应，夺取它们的电子，使 Au^{1+} 和 Au^{3+} 还原为金原子，其离子反应式如下：

$$Fe^{2+} + Au^+ \longrightarrow Au^0 + Fe^{3+}$$

$$S_2^{2-} + 2Au^+ \longrightarrow 2Au^0 + 2S^0$$

结果使黄铁矿解体，金取代黄铁矿溶解空间而沉淀。联合村类卡林型金矿中，黄铁矿微裂隙中的胶体吸附金，也存在该反应式沉淀的金。

导致金的配合物离解的因素很多，金的沉淀过程是相当复杂的，因而金的矿化形式也是复杂多变的。由热液黄铁矿和沉积变质黄铁矿各环带 Au、Ag、As、Sb 等微量元素含量的差异，反映成矿溶液的元素浓度和物理化学条件，在黄铁矿结晶阶段有脉动式的变化。

五、成矿作用总结

如前所述，川北甘南类卡林型金矿成矿作用，划分了四个阶段：

（1）早期热液阶段；

（2）主期热液成矿阶段；

（3）晚期热液阶段和酸滤蚀变作用阶段；

（4）热液期后表生氧化作用阶段。

早期热液阶段

热液流体沿一组脆剪切断裂向上运移，液体温度相对不高，约100℃，其中方解石未达到饱和，但石英则达饱和状态。

主期热液成矿阶段

成矿热液温度升高，平均温度166~173℃。岩层中、燕山期岩浆期后热液中的大量组分进入溶液，并最终形成含矿热卤水，并形成热液对流循环系统。矿液沿脆性断裂或脆性剪切带上升到一定部位，使围岩发生热液蚀变作用，由于温度、压力、Eh值、pH值、硫逸度、氧逸度、组分浓度等的变化，使配合物的稳定性受到破坏，而析出金和有关元素。联合村类卡林型金矿，金主要在这一阶段沉淀成矿。

晚期热液阶段和酸滤蚀变作用阶段

成矿溶液温度较高，平均温度237.66℃，最高可达320℃，出现三相包裹体，气液比30%~80%。标志着进入沸腾阶段。联合村类卡林型金矿床，产生了强酸滤热液蚀变，主要发生锑的成矿作用，有弱的金矿化，出现晶洞构造。

表生氧化作用阶段

热液活动结束后，主要是地下水和大气降水，与浅部岩石发生作用，硫化物、硫酸盐矿物和碳质物发生氧化作用，微量方解石流失，黄铁矿出现残余结构。

第二节 成矿模式

一、区域成矿模型

局部发生的成矿作用，实质上是整个地质作用的一部分。探索区域成矿模型，需把成矿作用纳入在区域地质发展史内，确定每一次地质事件对成矿作用的影响，勾勒出成矿作用的脉络。由表 5-2 说明，当前震旦纪褶皱基底形成前，有初始矿源层向原生含金地质建造演化的地质作用发生。震旦纪至二叠纪，台、槽分野时期，在摩天岭地背斜和平武—丹巴地背斜分别形成了石坊组、茂县群两个次生含金地质建造。印支期以来，荷叶裂谷发生并伴随降札地（背斜）体和摩天岭地（背斜）体向南推覆，断裂构造及剪切带出现。主滑脱面形成壳源改造型岩浆，并沿构造破碎带向浅部侵位，后期推覆作用一方面使侵位于剪切带、破碎带的岩脉，发生破碎或形成脆性剪切带，另一方面，构造动能转化成热能，可产生新的岩浆向浅部运动。由于热能梯度、构造热、岩浆期后热液的掺入，地面降水升温，并溶解围岩中的成矿物质，发生成矿溶液的对流、循环。当遇及地球化学障壁时，金即可就位成矿。这一成矿作用发生在燕山期（图 5-2）。中温区距岩体 28～35km，外围则为低温热液活动区。

区域金矿成矿模型可表述为：前震旦纪形成的原生含金地质建造和尔后衍生的含金地质建造，是成矿物质的主要来源。印支期构造活动，产生断裂破碎带，酸性岩脉侵位于剪切带内。燕山期推覆构造活动，使印支期的断裂破碎带及分布其间的酸性岩脉，再一次发生剪切、断裂，天水沿剪切断裂带下渗，与岩浆期后热液形成混合后的成矿流体。

表 5-2　川北甘南地史与金矿成矿作用演化表

地质时代及年龄时限(Ma)			构造旋回及地壳运动		发展阶段	西部地区地史发展中的主要事件	本区主要地质事件及金矿成矿作用
新生代	第四纪	全新世	喜山旋回	喜山Ⅲ	侏罗纪至第四纪陆内改造阶段	断裂及地震活动推覆、走滑、高原面抬升及冰川盛行，有后构造期的酸性侵入活动，晚第三纪局部有火山活动	断裂、地震、推覆强烈，高原面抬升，冰川作用强烈。准平原化作用，促使砂金沿断裂带成矿。
		晚更新世		喜山Ⅱ			
		中更新世					
		早更新世　25±					
	第三纪	晚第三纪　24.6±		喜山Ⅰ			喜山期Ⅰ幕、燕山期成矿作用继续进行
		早第三纪　65±					
中生代	白垩纪	晚世　97.5±	燕山旋回	燕山Ⅰ	震旦纪至三叠纪台槽分野阶段	大面积隆起，后构造期酸性侵入活动发育	全区隆起，酸性岩及岩脉侵位。燕山期酸性岩侵位，与类卡林型金矿成矿
		早世					
	侏罗纪　213±		印支旋回	印支Ⅲ		印支运动Ⅱ幕是地史发展中最重要的地质事件，结束地槽发展阶段。	区域动力变质，同构造酸性岩侵入，出现北西向裂谷及火山岩。
	三叠纪	晚世		印支Ⅱ			
		中世		印支Ⅰ		区域动力变质及同构造中酸性侵入活动，裂谷作用	晚期酸性岩脉侵位于脆性剪切带。金由含金建造向上部层转移，初步富集
		早世　248±					
	二叠纪	晚世　258±	海西旋回	海西（东吴）	台槽分野阶段	早二叠世末海西运动在重要构造带有褶皱和热事件，区域热流动力变质，裂陷带出现海底火山活动	东西向褶皱出现，有区域热流动力变质。陆表海背斜区，稍晚黑色含金地质建造形成，热流变质
		早世		（柳江）			
古生代	石炭纪						
	泥盆纪　408±		加里东旋回	加里东（广西）		多半稳定的陆缘海，金沙江一带，一直处于比较活动的构造部位	陆缘海有海底火山活动。次生含金地质建造由初始矿源层及原生含金地质建造演化而成地槽区
	志留纪						
	奥陶纪						
	寒武纪　590±						
元古代	震旦纪	晚世　700±	澄江旋回	澄江	太古代至中元古代扬子基底形成阶段	灯影海侵曾及本区	灯影海侵入区内东隅
		早世　850±				情况未明	陆缘海沿古陆核出现，北部剥蚀
	中元古代　1700±		晋宁旋回	晋宁		褶皱基底形成	褶皱基底形成碧口群火山岩喷溢。原生含金地质建造形成
	早元古代		中条旋回	中条吕梁		古陆核或结晶基底形成	结晶基底形成，金初始矿源层形成
	太古代						

据参考文献[1]。

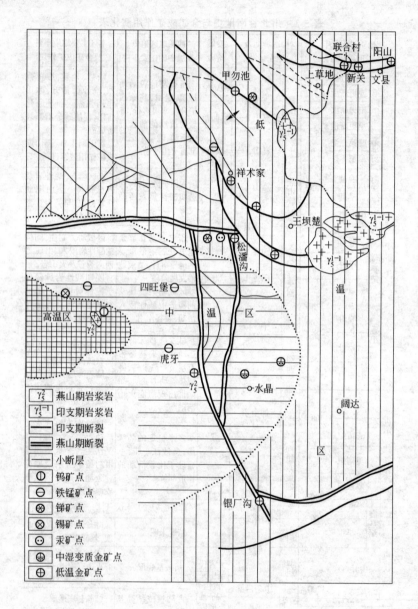

图 5-2　川北甘南燕山期成矿系列图

在中温作用区，原生含金地质建造中的金，随变质作用而富集成火山变质型金矿；次生含金地质建造中的金，则搬运到韧性剪切带，形成金硐沟式石英脉型金矿。在构造窗顶盖之下，离燕山期岩浆岩一定距离的地区，低温溶滤作用发生，含矿溶液在适当物理化学条件下，金脱载后，形成类卡林型金矿。

二、类卡林型金矿成矿模式

川北甘南类卡林型金矿成矿机制简述如下：

天水沿断裂破碎带和岩层裂隙下渗，汲取地层中的元素初具卤水性质。在深部，原始盆地封存的卤水和燕山期岩浆期后热液的掺入，汲取地质建造中的成矿元素，产生成矿热卤水。由于燕山期岩浆热、地温梯度热、构造热的加温，成矿热卤水沿导矿构造上升，并不断汲取地质建造中的成矿元素，包括汲取印支晚期花岗斑岩中的成矿元素。在上部有利构造部位，由于物理化学条件的改变，金等成矿元素在容矿构造中沉淀，并在浅部一定部位发生沸腾和酸滤蚀变作用，在其旁侧发生隐爆作用。热液体系的长期循环，促使成矿物质不断富集，形成金矿。

不同元素配合物稳定性的差别，物理化学条件随深度和时间的变化，导致矿化既有一定的分带性和分离性，也有重叠性和交叉性。

燕山期的岩浆岩，既是重要的热动力条件之一，也是Au、Cu、W等元素的提供者。

第六章 找矿标志和准则

第一节 找矿标志

一、构造标志

构造窗边界断裂（不论是前缘推覆断裂或后缘断裂）一般均为区域II级断裂。它控制了区域金及低温元素矿化带的分布，也是大、中型金矿床的定位场所。构造窗内及推覆岩片内的次级断裂或剪切带，是中、小型金矿床和低温元素矿化出现的地方。

推覆岩片内出现剪切带，其剪切作用使酸性岩脉发生破劈理时，是类卡林型金矿化升格的标志。

二、岩石学标志

首先是印支晚期改造型花岗斑岩，呈脉群出露，且产于脆性剪切带内。当后期剪切裂隙发育，并和蚀变标志、标型矿化标志同时出现时，往往可能赋存金矿床。

三、热液蚀变标志

类卡林型金矿床浅部发育重晶石化、硬石膏化、黄钾铁矾化、菱铁矿化、方解石化、硅化、钾—泥化、绢云母化、黄铁矿化。发育热液酸滤蚀变作用，是明显的直接找矿标志。

四、矿物标型特征标志

（一）热液黄铁矿的标型特征

1. 晶形

除立方体晶形的黄铁矿外，其他晶形的黄铁矿都含金。但以五角十二面体与立方体的聚形和不规则粒状黄铁矿含金较富。

2. 粒度

粒径不大于 0.076mm 的细粒黄铁矿，含金明显高于粗粒者。

3. 主成分

与黄铁矿理论值相比，热液黄铁矿铁、硫双亏。亏铁 0.18%，亏硫 0.28%，平均 $S/Fe = 1.15$，其化学式为 $FeS_{19.5}$。

4. 微量元素

粒径 0.076mm 的黄铁矿，含砷高达 2.52%，为含砷黄铁矿。Co 含量 $w_{Co} = 109 \times 10^{-6}$，Ni 含量 $w_{Ni} = 125 \times 10^{-6}$，$Co/Ni = 0.87$。

（二）雄黄的标型特征

雄黄的标型特征颜色为橙红色，条痕为橙红色。晶形为不规则粒状。主成分与理论值相比，富硫 1.05%，亏砷 1.26%，$As/S = 2.22$，其化学式为 $As_{0.6}S_{1.04}$。微量元素中含锑较高，平均 $w_{Sb} = 0.53\%$。

（三）石英的标型特征

花岗斑岩的石英斑晶为 β 石英，呈浑圆状，卵圆形。晶体边部见熔蚀现象，发育港湾结构。碎裂现象常见。某些裂隙中分布胶体吸附金，电子探针分析见金率 50%，含金 $w_{Au} = 300g/t$。石英包裹金含量 $w_{Au} = 0.05 \sim 0.11g/t$。主成分 SiO_2 平均含量 99.57%，另外含 Al_2O_3（0.65%），Na_2O（0.09%），K_2O（0.47%）。

石英中 H_2O 的相对光密度 $D_{H_2O} = 5.40$，石英中 CO_2 的相对光密度 $D_{CO_2} = 0.53$。

凡出现热液成因黄铁矿、雄黄和石英，其矿物标型又与上列标型特征值相近时，该地质体则可能有金矿体产出。

五、地球化学标志

川北甘南类卡林型金矿床，从异常→矿化带→矿体，低温元素组合具清晰的规律。异常元素由 Au、As、Sb、Hg、Cu、B，有时还有 Zn、Mo、V、Ag、W 等元素组成。矿化带由 Au、As、Hg，有时有 Sb 等异常套合而成。矿体异常则以 Au 元素为主，其他低温元素可与 Au 同步或不同步。其规律是从异常场→矿体，元素组合由复杂→简单，这是川北甘南类卡林型金矿床最显著的地球化学标志。另一标志是金矿床外围出现与矿化异常反差大的金负异常。

元素的垂直分带：

上有 Hg、As、Sb、Au、Ba、(Sr)

下为 As、Sb、Hg、Ba、Pb、Cu、(Mo、Ni、Cr,)、W

据统计，川北甘南类卡林型金矿床，地表 Ba 含量为 $w_{Ba} = (947 \sim 5395) \times 10^{-6}$。

利用上述标志，可作为部署不同性质和内容的找矿工作的依据，但需掌握一定的尺度。

当具有宏观构造标志的地区，又有砷、锑、汞矿点或相应的重砂异常时，可部署小比例尺区域化探工作，以发现矿化集中区，选定地质调查范围。

在构造、岩石学标志清楚，有印支、燕山期岩（脉）体侵位，出现砷、锑、汞矿化，或低温套合异常地区，即可选定为普查找矿的靶区。

在这个前提下，通过简单地质工作后，蚀变标志、标型矿物学标志清楚，地表有工业矿（体）化发现，则应考虑进行详查的可能。

第二节　找矿方法及找矿中应注意的问题

（1）川北甘南类卡林型金矿最显著的产出特征，是受构造窗边缘推覆断裂带的控制。因此，构造窗边缘断裂是找矿的首选地段。这一地带是地壳表层的高渗透带，利于成矿溶液的活动，并把深部的成矿元素带至浅部。当在断裂发育地区找矿时，可使用构造地球化学方法，查定不同级别构造的容矿或导矿性（导矿构造一般含金（w_{Au}）为（$1 \sim 3$）$\times 10^{-9}$），集中力量在容矿构造中找矿，将得到较好的效果。

（2）在川北甘南，类卡林型金矿找矿工作中，当遇及改造型酸性岩脉，其外围又有燕山早期花岗岩侵位时，应着重依据联合村类卡林型金矿的地质特征，探寻类卡林型金矿。

（3）任何含金地质体，金在其中的分布都是极不均匀的。据陈昭明（1984）研究，增加取样点比增大取样体积，在金属含量极不均匀的矿体上，更能迅速地接近矿块的平均品位。以增加取样点为特征，既省时省料而技术要求又不高的网格取样法，在本类型金矿的找矿中是可行的，它可以减少漏矿的可能。

附　　录

照片 1　联合村类卡林型金矿床地貌图
（金矿床分布在远处的山脊上）

照片 2　联合村类卡林型金矿床地貌图

（金矿床分布在作者脚下）

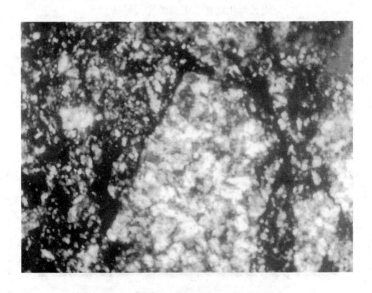

照片 3　联合村类卡林型金矿床

（碎裂花岗斑岩型金矿石显微照片，碎裂结构正交偏光　×16）

照片4 联合村类卡林型金矿床

（碎裂花岗斑岩型金矿石显微照片，重晶石化菱铁矿化、
绢云母化发育，正交偏光 ×41）

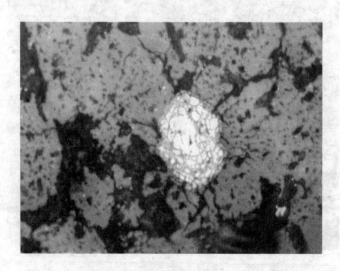

照片5 联合村类卡林型金矿床

（碎裂花岗斑岩型金矿石显微照片，黄铁矿残余结构，光片单偏光 ×64）

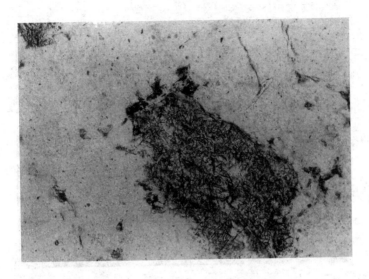

照片6 联合村类卡林型金矿石

（碎裂花岗斑岩型金矿石显微照片，晶洞构造，单偏光 ×41）

照片7 联合村类卡林型金矿床

（碎裂花岗岩型金矿石显微照片，正交偏光 ×41）

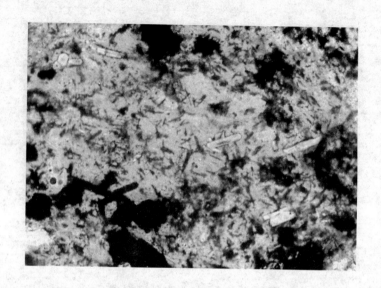

照片 8　联合村类卡林型金矿床
（碎裂花岗斑岩型金矿石显微照片，正交偏光　×41）

参 考 文 献

[1] 孙树浩，荣春勉，王忠录，等．四川平武—南坪地区微细浸染型金矿成矿条件和矿床预测研究 ［R］．1992（未刊）．

[2] 孙树浩，文国林，李兴国．微细浸染型联合村式金矿的地质和地球化学特征 ［J］．地质找矿论丛，1993，8，（4）：9～22．

[3] 孙树浩．川北—甘南地区类卡林型金矿床的地质-地球化学特征 ［J］．地质找矿论丛，2005，20（1）：8～14．

[4] 郭俊华，齐金忠，孙彬，等．甘肃阳山特大型金矿地质特征及成因 ［J］．黄金地质，2002，8（2）：15～19．

[5] 郭红乐，陆志平，刘爽，等．甘肃寨上卡林型金矿床地质特征与控矿因素 ［J］．黄金地质，2003，9（3）：21～26．

[6] 拉德克 A S．卡林金矿地质学 ［R］．全国金矿地质工作领导小组办公室，1987．

[7] 杨志华，郭俊锋，苏生瑞，等．秦岭造山带基础地质研究新进展 ［J］．中国地质，2002，29（3）：246～255．

[8] Groves D I，Golafarb R J，Gebre-Mariam M．造山型金矿床：对地壳中分布的金矿床的建议分类及其与其他金矿床的关系 ［J］．国外矿床地质，1999（3、4）：133～145．

[9] 博伊尔 R W．金的地球化学及金矿床 ［M］．北京：地质出版社，1984．

[10] 涂光炽．地球化学 ［M］．上海：上海科技出版社，1982．

[11] 郑明华等．四川东北寨微细浸染型金矿成矿物理化学条件和成矿过程分析 ［J］．矿床地质，1990，9（2）．

[12] Romberger S B．Disseminatea Gold Deposite Ore Deposits [#9] Geoscience Canada march 1986 Volume 13 number 1：23～30．

[13] 卢焕章等．包裹体地球化学 ［M］．北京：地质出版社，1990．

[14] 多伊 B R．铅同位素地质学 ［M］．北京：科学出版社，1975．

[15] 林景仟．岩浆岩成因导论 ［M］．北京：地质出版社，1987．

[16] 陈德潜，陈刚．实用稀土元素地球化学 ［M］．北京：冶金工业出版社，1990．

[17] 邱家骧主编．岩浆岩岩石学 ［M］．北京：地质出版社，1985．

［18］地质部宜昌地质矿产研究所. 花岗岩的成因［R］. 1981.

［19］地质部宜昌地质矿产研究所. 花岗岩类同位素地质［R］. 1983.

［20］地质部秦巴协调领导小组. 韧性剪切带与金矿成矿关系及韧性剪切带糜棱岩研究［R］. 1989.

［21］徐克勤, 涂光炽. 花岗岩地质和成矿关系［M］. 南京: 江苏科学技术出版社, 1984.

［22］赵百胜, 刘伟. 甘肃省阳山金矿床流体包裹体特征及其地质意义［J］. 地质找矿论丛, 2004, 19 (2): 105～109.

冶金工业出版社部分图书推荐